착한 성분, 예쁜 디자인

나만의 핸드메이드

천연 비누

PROLOGUE

세상에 단 하나뿐인 비누를 만들어보세요

오랫동안 합성 세안제에 자리를 내줬던 비누가 돌아왔어요. 더 건강하고 예뻐진 천연비누로 말이에요. 천연비누는 식물성 오일과 에센셜 오일, 천연분말 등 자연에서 온 재료를 가지고 만들어 아기가 쓸 수 있을 만큼 순해요. 화학방부제나 인공첨가물을 넣지 않아 트러블을 유발하지 않고요. 여드름, 아토피, 노화, 습진 등 피부 트러블을 개선하는 효과도 있어요. 또한 비누화 과정에서 천연 글리세린이 풍부하게 생성돼 그 어떤 세안제보다 촉촉하답니다.

각질이 보기 싫게 올라온 날에는 올리브오일을 듬뿍 넣어 만든 촉촉한 비누로 세안하고, 울긋불긋한 피부를 진정시킬 땐 진정 효과가 뛰어난 칼라민 비누를 써보세요. 그날그날 내 피부 상태에 따라 맞춘 비누를 쓰다 보면 어느새 맑고 깨끗한 피부를 발견할 수 있을 거예요.

「나만의 핸드메이드 천연비누」에 당신의 피부를 매끄럽게 가꿔줄 39가지 천연비누·입욕제 레시피를 담았어요. 그저 성분만 착한 비누가 아니에요. 모양도 색도 예뻐서 욕실 분위기까지 바꿔줄 거예요. 또한 배스밤, 버블바, 배스 솔트 같은 입욕제 레시피도 함께 수록했어요.

초보자라고 걱정하지 않아도 돼요. 자주 쓰이는 재료부터 도구, 용어, 팁까지 비누 만드는 데 필요한 모든 내용이 자세히 담겨 있어 그저 책을 펼치고 레시피를 골라 따라 해보면 됩니다. 「나만의 핸드메이드 천연비누」만 있으면 누구나 쉽게 세상에 단 하나뿐인 나만의 비누를 만들 수 있어요.

천연비누의 매력은 정말 무궁무진합니다. 예쁘고, 건강하고, 똑똑해요. 안 써본 사람은 있어도 한 번만 써본 사람은 없다고 할 정도예요. 여러분도 곧 천연비누의 매력에 푹 빠지게 될 거예요. 이 책이 그 가이드가 되어드릴 겁니다.

오혜리

CONTENTS

PART 1

비누 만들기 전 알아두세요

천연비누 제대로 알기 · 12

비누의 기본이 되는 재료 · 14

쉽게 이해하는 비누 용어 · 16

비누의 특징을 결정하는 베이스 오일 · 18

향과 색을 더하는 첨가물 · 24

비누 만드는 데 필요한 도구 · 30

비누 레시피 구성하기 · 32

선물을 돋보이게 하는 비누 포장법 · 242

베이스 오일별 가성소다 값 · 244

INDEX · 245

PART 2

베이직 CP 비누

한눈에 보는 CP 비누 만들기 · 38

중건성 피부용

동백 카스틸 비누 40

카렌듈라 마르세유 비누 44

칼라민 큐브 비누 48

산양유 비누 52

오렌지 비누 58

편백 비누 64

지성 피부용

녹차 비누
68

민들레 비누
72

코코넛 테라조 비누
78

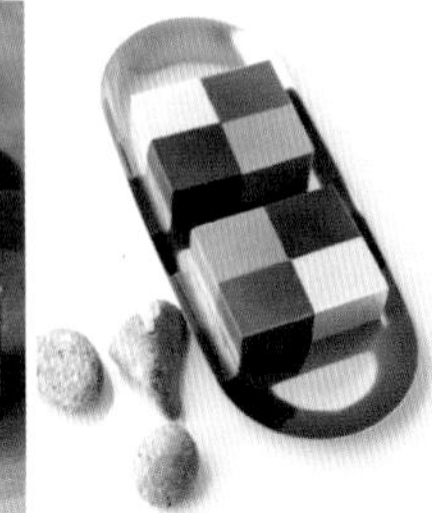

블랙체크 숯 비누
82

고래 비누
86

생활비누

오운진액 샴푸바
90

설거지 비누
94

세탁 비누
100

PART 3

드로잉 CP 비누

사진으로 쉽게 배우는 드로잉 기법 · 106

튤립 비누
110

로터스 비누
114

새벽달 비누
120

민트사색 비누
126

로즈사색 비누
132

할로윈 홀케이크 비누
138

레드벨벳 컵케이크 비누
144

크리스마스 비누
150

PART 4

MP 비누

쉽게 만드는 MP 비누 · 158

드라이 허브 비누
160

카렌듈라 호박 투톤 비누
164

멘톨 비누
168

원석 비누
172

허브 루파 비누
176

레드마블 비누
180

푸딩 비누
184

해안가의 달
190

PART 5

입욕제

하루의 피로를 씻어주는 입욕제 · 198

한눈에 보는 입욕제 만들기 · 199

입욕제 만드는 데 필요한 재료 · 200

배스밤 · 솔트

드라이 플라워 배스밤 202

블루 배스밤 206

몰드 배스밤 210

멘톨 족욕제 214

배스 솔트 218

버블바

쿠키 버블바 222

키위 버블바 226

롤케이크 버블바 232

바다와 고래 버블바 236

만들기 전에

이론을 확실히 이해하고 시작하면 예쁘고 건강한 비누를 만들 수 있어요. 재료부터 도구, 용어, 나만의 디자인 비누를 만드는 팁까지, 비누 만드는 데 필요한 내용을 모두 담았어요.

윗점오일
Wheat Germ Oil
BASE OIL
1L
SAMDUK
Boro 3.3
100 ml

천연비누 제대로 알기

비누는 오일과 가성소다(수산화나트륨)를 배합해 만들어요. 산성을 띠는 오일과 염기성을 띠는 가성소다가 만나 비누화 반응을 일으키고 이 과정에서 비누와 천연 글리세린으로 바뀝니다. 비누 만들기에 앞서 비누가 무슨 원리로 만들어지고 어떤 특징이 있는지 알아보세요.

베이스 오일(지방산 유지) 75% + 가성소다 수용액(가성소다+정제수) 약 30% + 첨가물(에센셜 오일, 색 첨가물) 약 1%
→ 비누화 반응 → **비누 + 글리세린**

천연비누의 특징

- 비누화 과정에서 생성되는 천연 글리세린이 피부에 풍부한 수분감을 부여한다.
- 화학 첨가물 없이 자연에서 온 재료로 만들어 피부에 자극을 주지 않는다.
- 내가 원하는 향과 색, 첨가물 등을 골라 내 피부에 꼭 맞는 비누를 만들 수 있다.
- 들어가는 재료와 공정을 알 수 있어 오염이나 알레르기로부터 안전하게 사용할 수 있다.
- 물에 닿으면 미생물에 의해 48시간 이내 분해되기 때문에 환경을 오염시키지 않는다.

천연비누의 종류

천연비누는 재료와 만드는 방법에 따라 4가지로 나뉘어요. 베이스 오일을 직접 선택해 가장 저온에서 만드는 CP 비누, 비누 베이스를 녹여 만드는 MP 비누, 물비누를 만들기 위해 고온에서 제조하는 HP 비누, 이미 만든 비누를 재가공하는 리배칭 비누까지. 천연비누의 종류와 특징을 알아보고 나에게 맞는 비누를 찾아보세요.

CP 비누(Cold Process)

가장 대표적인 천연비누로 베이스 오일과 가성소다 수용액과 반응시켜 만든다. 베이스 오일과 가성소다 수용액을 섞는 온도는 35~45℃로, 천연비누 중 가장 낮은 온도에서 만들어 저온법 비누라고도 한다. 저온에서 만들기 때문에 오일의 효능이 파괴되지 않아 여드름, 아토피, 습진, 건선 등 다양한 트러블에 효과적인 비누를 만들 수 있다. 또한 비누화 과정에서 생성된 천연 글리세린이 피부를 촉촉하게 만든다. 비누화가 진행되고 비누 속 성분이 안정되는 기간이 있어 최소 4주 이상 숙성(건조)시켜야 한다.

MP 비누(Melt & Pour)

비누 베이스를 녹여 만들기 때문에 녹여 붓기 법 비누라고 한다. 가성소다 없이 이미 만들어진 비누 베이스를 녹인 뒤 첨가물만 넣으면 완성돼 초보자가 입문하기 좋은 천연비누이다. CP 비누보다 보습력이 떨어지기 때문에 대부분 글리세린이나 히알루론산 같은 별도의 보습제를 첨가한다. 별도의 숙성 기간 없이 바로 사용이 가능하다.

HP 비누(Hot Process)

천연비누 중 가장 높은 온도인 70℃ 이상에서 비누화시켜 고온법 비누라고 한다. 주로 투명비누나 액체 형태 비누를 만들 때 쓰인다. CP 비누보다 비누화 과정이 빨리 진행돼 2주 정도 숙성 기간을 거치면 사용할 수 있다.

리배칭 비누(Rebatching)

이미 만들어진 CP 비누를 재가공해 만드는 비누이다. CP 비누 자투리나 안 쓰는 것을 잘라 중탕으로 녹인 뒤 원하는 첨가물을 넣고 굳힌다. 첨가물은 전체 비누액의 1%만 넣는다. 비누를 녹일 때는 약한 불에서 비누 제형이 부드러워질 정도만 가열하고 불에서 내려야 비누 속 유효 성분들이 파괴되지 않는다. 사용하지 않는 비누가 있을 때 원하는 효능을 넣어 새로운 비누를 만들 수 있어 유용하다.

비누의 기본이 되는 재료

비누는 크게 베이스 오일, 가성소다, 향과 색을 내는 첨가물로 구성돼요. 비누 만드는 데 필요한 재료에 대해 알아보세요. 기본 재료들의 특징을 익혀두는 것이 건강하고 예쁜 비누 만들기의 첫 번째 단계예요.

CP 비누

베이스 오일

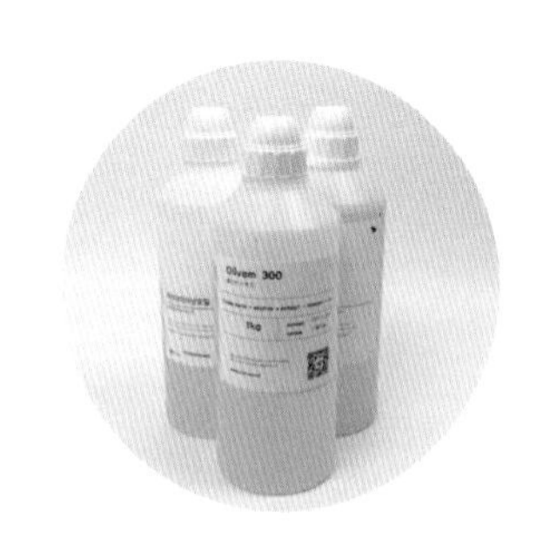

비누액을 만들 때 쓰이는 오일을 말한다. 주로 식물성 오일이나 버터류 등이 사용된다. 오일마다 효능과 가지고 있는 지방산이 다르기 때문에 여러 종류의 오일을 섞거나 비율을 조절하면 다양한 기능의 비누를 만들 수 있다. 냉압착 방식으로 추출한 오일을 사용하고, 남은 것은 뚜껑을 완전히 닫아 직사광선이 들지 않는 서늘한 곳에 보관한다. 각 오일의 특징은 비누의 특징을 결정하는 베이스 오일 을 참고한다.

가성소다(수산화나트륨)

pH 14의 강한 알카리성을 띠는 물질로 소금물을 전기 분해해 만든다. 오일과 반응해 비누를 만드는 역할을 하며 비누를 만들 때는 정제수에 녹여 사용한다.

액체와 닿으면 열과 가스가 발생하는 특성이 있기 때문에 조심히 다뤄야 한다. 앞치마, 장갑, 마스크 등 안전장비를 착용해 피부에 닿지 않게 주의하고 환기가 잘 되는 곳에서 작업한다. 야외라면 바람을 등지는 것이 좋다.

수용액을 만들 때는 비커에 미리 정제수를 담고 그 위에 가성소다를 조금씩 넣도록 한다. 반대로 할 경우 급격하게 열이 발생해 끓어 넘치거나 피부에 튈 수 있다.

가성소다를 구입할 때는 순도가 100%에 가까운 것을 고른다. 공기 속 수분을 흡수해 녹는 특성이 있어 빠른 기간 내에 사용하는 것이 좋다.

정제수

미생물, 유기물 등 모든 불순물을 제거한 물이다. 주로 가성소다를 녹여 가성소다 수용액을 만드는 용도로 사용된다. 첨가하는 양에 따라 비누 경도에 영향을 주기 때문에 함께 사용하는 베이스 오일이나 첨가물의 특성을 고려해 넣는다. CP 비누에서는 효능을 추가하기 위해 증류수, 유제품 등으로 대체할 수 있다. 다만 유제품은 가성소다와 만나 40℃ 이상 올라가면 단백질이 응고될 수 있으므로 얼려 사용한다. 온도가 올라가 단백질 덩어리가 생겼다면 거름망에 걸러 베이스 오일에 섞는다.

MP 비누

비누 베이스

비누화 과정을 거쳐서 나오는 베이스 비누로 비누 소지라고도 한다. 효능과 색이 다양해 원하는 비누 디자인에 따라 선택해 사용할 수 있다. 가성소다를 다루는 과정 없이 비누 베이스를 녹여 원하는 색과 향을 첨가하면 간단하게 비누를 만들 수 있다. 비누 베이스로 만든 비누는 별도의 숙성기간 없이 바로 사용한다. 사용하고 남은 것은 랩으로 감싸거나 밀봉해 서늘한 곳에 보관한다.

공통 첨가물

색 첨가물 : 천연분말, 옥사이드, 마이카, 식용색소

비누의 색을 내기 위해 넣는 재료로 주로 천연분말, 옥사이드, 마이카, 식용색소 등이 쓰인다. 특히 채소, 허브, 광물 등 천연재료에서 추출한 천연분말은 피부 자극이 적고 특정한 효능을 기대할 수 있어 천연비누에서 많이 쓰인다. 다만 색이 한정적이고 발색이 약하다는 단점이 있다. 선명한 색의 비누를 만들고 싶다면 같은 계열의 옥사이드와 섞어 쓰거나 마이카, 식용색소 등 인공색소로 대체한다.

향 첨가물 : 에센셜 오일, 프래그런스 오일

에센셜 오일이나 프래그런스 오일 등 비누에 향을 첨가할 때 쓰인다. 가장 많이 쓰이는 오일은 식물의 꽃, 꽃봉오리, 잎, 줄기 등에서 추출하는 에센셜 오일이다. 에센셜 오일은 아로마테라피 효과를 기대할 수 있으나 열에 약해 향이 쉽게 날아간다는 단점이 있다. 레시피를 구성할 때 두세 가지 에센셜 오일을 섞어 지속력을 높이도록 한다.

프래그런스 오일은 인공 향료로 조금만 넣어도 풍부한 향을 낼 수 있으며 지속력이 강하다는 장점이 있다. 다만 비누액과 반응해 라이싱 현상 을 일으키거나 비누액을 빠르게 굳힐 수 있다. 프래그런스 오일을 사용할 때는 비누액을 조금 덜어 충돌하지 않는지 확인한 뒤 사용한다.

쉽게 이해하는 비누 용어

비누 만들기 전, 자주 쓰이는 비누 용어들을 알아두세요. 교반, 트레이스, 슈퍼 팻 등 낯선 용어들을 쉽고 자세하게 풀어썼어요. 용어를 알면 전반적인 비누 제작 과정을 이해할 수 있어 비누 만들기가 훨씬 쉬워집니다.

비누화

베이스 오일과 가성소다가 화학 반응을 일으켜 비누와 글리세린으로 변하는 현상이다. 트레이스를 낸 시점부터 비누화가 시작된다고 본다.

비누화 값

베이스 오일 1g이 비누가 되기 위해 필요한 가성소다 값을 말한다. 오일마다 비누화 값이 모두 다르므로 레시피를 구성할 때 어떤 오일을 얼마만큼 넣는지에 따라 사용하는 가성소다 양이 달라진다.

수상

베이스 오일 외 비누 재료로 쓰이는 액체를 수상이라고 부른다. 주로 수상에 가성소다를 넣어 가성소다 수용액을 만드는 데 사용한다. 정제수가 가장 많이 쓰이고 효능을 추가하고 싶을 경우 허브 워터나 산양유 등으로 대체한다.

디스카운트(가성소다 양 줄이기)

가성소다를 정량보다 덜 넣어 베이스 오일 속 유효성분을 남기는 기법이다. 가성소다 3%를 디스카운트할 경우 비누화가 97%만 이루어져 오일의 유효성분이 3% 남아있는 비누를 만들 수 있다. 주로 민감한 피부용 비누나 아이용 비누를 만들 때 사용한다. 디스카운트하면 비누 산패 속도가 빨라지므로 쉽게 산패되는 오일을 사용할 때나 습도가 높은 여름에는 사용하지 않는 것이 좋다. 권장하는 디스카운트 비율은 0~5%이다.

교반(오일과 가성소다 섞기)

비누의 주재료인 베이스 오일과 가성소다 수용액을 섞는 과정을 말한다. 이 과정에서 지켜야 하는 온도를 교반 온도라고 하며, 만드는 비누 종류와 계절, 디자인에 따라 교반 온도가 다르다. 교반 온도를 지켜야 비누화가 안정적으로 진행된다. 교반 적정 온도는 여름 35~40℃, 겨울 45℃이다. 디자인에 따라서는 베이직 비누는 45℃, 드로잉 비누는 35~40℃에서 작업한다. 비누액 온도가 30℃ 이하로 내려가면 비누화 반응이 제대로 진행되지 않고, 반대로 온도가 너무 높으면 비누액이 빨리 굳어 디자인 작업이 어려워진다.

슈퍼 팻(Super Fat)

트레이스 과정이 끝난 뒤 추가하는 오일을 말한다. 비누화가 끝난 뒤 첨가하기 때문에 오일의 효능을 남길 수 있다. 보통 고가이거나 특정한 효능이 있는 오일을 슈퍼 팻으로 사용한다. 많이 넣을 경우 산패율이 높아지므로 비누 1kg당 10g 정도 넣는다. 습도가 높은 여름에는 넣지 않는 것이 좋다.

트레이스(Trace)

베이스 오일과 가성소다 수용액을 섞은 뒤 도구를 이용해 걸쭉한 비누액으로 만드는 과정이다. 도구는 실리콘 주걱과 블렌더을 사용하는데 주걱만으로 트레이스를 내면 비누액이 쉽게 식고 블렌더만 사용하면 너무 뜨거워지니 번갈아가며 사용한다. 블렌더로 트레이스를 내기 시작하면 비누액이 되직해지는데 이때 실리콘 주걱을 이용해 비누액을 풀어준다. 이 과정을 반복하며 중간중간 주걱으로 비누액을 조금 떠 올려 별을 그린다. 비누액 위에 자국이 남으면 트레이스가 완성된 것이다. 드로잉 비누는 세 가지 단계로 트레이스를 내 작업한다. 드로잉 작업을 위한 트레이스 조절하기 p.100

라이싱(Ricing)

비누액이 빠르게 굳으며 쌀알처럼 뭉치는 현상이다. 주로 비누액이 향 첨가물과 충돌해 생긴다. 인공 향료를 사용했을 때 많이 발생하므로 비누액에 섞기 전 조금 덜어 테스트한 뒤 사용하도록 한다.

보온

비누 모양을 잡은 뒤 주변 온도를 유지시켜 비누화가 안정적으로 진행될 수 있도록 돕는 과정이다. 적정 보온 온도는 30℃ 안팎으로, 보온 온도가 30℃보다 내려가면 비누화가 제대로 진행되지 않고, 반대로 과열되면 비누 표면에 균열이 생긴다. 여름에는 몰드를 상온에 두거나 담요로 감싸는 것으로 충분하다. 겨울에는 몰드를 담요로 감싼 뒤 스티로폼 박스나 아이스박스에 넣어 온도를 유지한다.

젤화

보온 과정에서 비누액이 과열되면서 비누 중앙부터 투명해지는 현상을 말한다. 젤화 현상이 나타난 비누는 글리세린이 풍부해 촉촉하긴 하지만 쉽게 무른다는 단점이 있다. 비누를 자른 뒤 가장자리와 안쪽의 비누색이 다르면 젤화가 났다고 본다.

소다회

보온이 끝난 비누 표면에 하얗게 생기는 가루로 보온할 때 온도 차이가 발생하거나 공기 중 이산화탄소와 반응해 발생한다. 보온할 때 몰드 뚜껑을 덮으면 예방할 수 있다. 소다회가 생긴 비누는 스팀을 쐬거나 물 묻힌 거즈로 닦아내 사용한다.

건조

보온이 끝난 뒤 비누를 잘라 비누 속 수분을 날려주는 과정이다. 비누의 수분을 적게 남길수록 쉽게 무르지 않고 거품이 풍성해진다. 4~6주 정도가 적당하며 계절이나 장소에 따라 기간을 조절하도록 한다. 비누를 두껍게 잘랐거나 보습 효과를 강조한 비누는 건조 기간을 1~2주 더 늘린다.

비누의 특징을 결정하는 베이스 오일

어떤 오일을 얼마만큼 넣느냐에 따라 비누의 성격이 달라져요. 보습이 필요할 때는 올리브오일을 듬뿍 넣어 촉촉한 카스틸 비누를 만들고, 울긋불긋한 피부를 가라앉힐 땐 살구씨 오일을 넣어 진정 효과가 뛰어난 비누를 만들어보세요. 베이스 오일을 특징을 알면 내 피부에 딱 맞는 비누를 만들 수 있어요.

베이스 오일의 종류와 특징

• 코코넛 오일

비누의 세정력을 높이고 단단하게 만드는 역할로 비누화가 안정적으로 진행되도록 돕는다. 유분기 제거와 보습 효과가 뛰어나며 피부 자극이 적어 어른부터 아기까지 모든 연령과 피부 타입에 사용할 수 있다. 가성소다 값 0.190

• 팜 오일

기름야자나무에서 채취한 오일로 비누를 단단하게 하고 조밀한 거품을 내는 역할을 한다. 비누화될 때 생성하는 글리세린 양이 적어 보습 효과가 좋은 오일과 섞어 사용하는 것이 좋다. 가성소다 값 0.141

• 카놀라 오일

유채씨에서 추출한 오일로 불포화지방산 함량이 높아 보습 효과가 뛰어나다. 비누화가 느리게 진행돼 많은 양의 비누를 작업할 때 적합하다. 산패율은 적으나 쉽게 물러지므로 20% 이하로 사용하는 것이 좋다. 가성소다 값 0.124

• 올리브오일

모든 피부에 적합한 오일로, 풍부한 올레산이 피부를 촉촉하게 만들고 세균과 바이러스를 억제한다. 엑스트라 버진 등급은 짙은 녹색을 띠기 때문에 색을 첨가하는 디자인 비누에서는 퓨어 등급을 사용한다. 가성소다 값 0.134

• 소이빈 오일(콩기름)

비누의 거품을 풍성하게 만들고 가격이 저렴해 자주 쓰인다. 사용감이 부드럽고 피부 노화 개선에 효과가 있다. 많은 양을 넣을 경우 비누가 물러지니 주의해야 한다. 가성소다 값 0.135

• 호호바 오일

사람의 피지와 비슷한 구조로 피부에 빠르게 스며든다. 살균 · 항염 작용을 해 여드름이나 지성 피부에도 좋다. 다른 오일에 비해 산화가 잘되지 않아 보관이 쉽다. 가성소다 값 0.135

• 아보카도 오일

오메가 3 및 오메가 6 등 불포화지방산 80% 이상으로 구성되어 있다. 보습과 피부 노화 개선에 뛰어나고 습진에도 효과를 보여 유아용 비누로도 많이 사용된다. 가성소다 값 0.133

• 포도씨 오일

항산화 기능을 하는 토코페롤, 필수지방산인 리놀렌산을 다량 함유해 건조하거나 노화된 피부에 윤기를 준다. 많이 넣으면 비누가 쉽게 물러지므로 10% 이하로 사용하는 것이 좋다. 가성소다 값 0.126

• 해바라기씨 오일

사용감이 가볍고 보습 효과가 뛰어나 피지 분비가 왕성한 여드름 · 지성 피부용 비누에 적합하다. 많이 넣을수록 비누화가 느려지고 쉽게 물러지므로 20% 이하로 사용하는 것이 좋다. 가성소다 값 0.134

• 녹차씨 오일

풍부한 카로틴과 비타민 C가 색소 침착을 억제해 피부를 맑게 유지하고, 카테킨이 피지를 조절해 여드름을 진정시킨다. 피지 분비가 왕성한 여름이나 지성 · 여드름 피부용 비누로 좋다. 가성소다 값 0.137

• 살구씨 오일

올레산과 리놀렌산, 비타민 E가 풍부해 피부를 촉촉하고 부드럽게 한다. 묵은 각질과 피지, 블랙헤드 관리에도 효과적이다. 다만 전체 오일양의 15% 이상 배합하면 비누가 쉽게 무르므로 주의한다. 가성소다 값 0.135

• 홍화씨 오일

모발을 튼튼하게 하고 탈모를 방지하는 데 효과가 있어 헤어 제품에 많이 사용된다. 단독으로 사용하면 피부를 건조하게 하고 비누화 속도를 느리게 만들어 다른 오일과 혼합하여 사용한다. 가성소다 값 0.136

• 동백 오일

동백나무 씨앗을 압착해 만든 오일로 풍부한 올레산이 수분 증발을 억제해 피부와 모발에 윤기를 준다. 주로 샴푸바에 많이 쓰이고, 아토피나 알레르기 등 문제성 피부에도 효과적이다. 가성소다 값 0.136

• 로즈힙 오일

필수지방산인 리놀렌산을 다량 함유해 피부 재생을 돕고 안색을 맑게 만든다. 주름 등 노화 개선 효과가 뛰어나지만 많이 넣을 경우 비누가 쉽게 산패되고 물러지기 때문에 소량만 첨가한다. 가성소다 값 0.137

• 달맞이꽃 종자 오일

올레산과 리놀렌산, 비타민 E가 풍부해 피부를 촉촉하고 부드럽게 한다. 묵은 각질과 피지, 블랙헤드 관리에도 효과적이다. 단, 전체 오일양의 15% 이상 배합하면 비누가 쉽게 무르므로 주의한다. 가성소다 값 0.136

• 헤이즐너트 오일

가볍고 끈적임이 없으며 넓어진 모공을 수축시키는 효과가 있어 여드름 피부용 비누로 많이 사용된다. 아보카도 오일 같은 무거운 오일과 섞어 사용한다. 견과류 알레르기가 있다면 피한다. 가성소다 값 0.135

• 마카다미아너트 오일

사람의 피지 구조와 비슷해 보습효과가 뛰어나다. 대체 오일로는 호호바 오일이 있다. 산패율이 적고 쉽게 무르지 않아 천연 비누 만들 때 자주 사용하지만 피부가 민감하거나 견과류 알레르기가 있다면 피하는 것이 좋다. 가성소다 값 0.139

• 스위트 아몬드 오일

비타민 D와 E가 풍부해 피부를 부드럽게 하고 수분 손실을 막아 비누나 화장품에 폭넓게 쓰인다. 모든 피부에 적합하지만 견과류 알레르기가 있는 경우 사용하지 않는다. 가성소다 값 0.136

• 미강 오일

쌀겨에서 추출한 현미유이다. 비타민 E와 미네랄이 풍부해 노화방지와 보습에 좋다. 많이 넣을수록 비누화 속도가 빨라지므로 디자인 비누를 만들 때는 5~10% 정도만 첨가한다. 가성소다 값 0.128

• 피마자 오일

피마자 씨에서 얻은 오일로 독특한 향과 점성이 있고 비누로 만들면 풍성한 거품을 내도록 돕는다. 불포화지방산을 다량 함유해 촉촉하다. 다만 많이 넣으면 비누가 끈적끈적해져 5% 미만으로 첨가한다. 가성소다 값 0.128

• 위트점 오일

밀의 배아에서 추출한 오일로 필수지방산과 비타민 E가 풍부해 항산화 효과와 피부 탄력 개선에 효과적이다. 다른 베이스 오일에 5% 정도 첨가하면 산화를 방지할 수 있다. 가성소다 값 0.131

• 보리지 오일

허브인 보리지 씨앗에서 추출한 오일로 필수지방산인 감마리놀레산이 풍부해 피부 재생과 보습에 효과적이다. 다만 쉽게 산화되므로 조금만 넣는 것이 좋다. 가성소다 값 0.136

• 월계수 오일

모발이나 두피 관리에 효과적으로, 헤어 제품에 많이 사용된다. 지성 피부에 적합하며 올리브오일과 함께 사용하면 거품이 풍성하게 나는 비누를 만들 수 있다. 비누화 속도가 빠른 편이니 10% 이하로 첨가한다. 가성소다 값 0.155

- 시어버터

시어나무의 씨에서 채취한 버터로 보습과 경도를 보완하는 용도로 쓰인다. 건조하고 노화된 피부에 수분을 공급하여 피부를 촉촉하고 탄력 있게 가꿔준다. 많이 넣을 경우 비누가 너무 단단해져 자를 때 깨질 수 있으니 10% 이하로 사용한다. 가성소다 값 0.128

- 코코아버터

카카오 콩에서 추출된 버터로 팔미트산, 스테아르산, 올레산 등이 풍부하다. 달콤한 향을 첨가하거나 비누의 경도를 높이고 싶을 때 사용한다. 많이 넣으면 비누가 너무 단단해지므로 10% 이하로 사용한다. 가성소다 값 0.137

오일 속 지방산 이해하기

지방산은 오일을 구성하고 있는 성분으로 탄소와 수소가 결합한 구조에 따라 포화지방산, 불포화지방산으로 나뉜다. 오일마다 오일을 이루고 있는 지방산 종류나 비율이 다르다. 이 차이가 비누화가 되었을 때의 세정력, 경도, 거품의 형태와 양 등을 결정한다.

• 포화지방산

상온에서 고체 형태를 띠며 주로 동물성 오일에 많이 포함되어 있다. 식물성 오일 중에는 코코넛 오일과 팜 오일에도 많이 함유되어 있어 베이스 오일로 많이 쓰인다. 포화지방산은 비누를 단단하게 하고 거품의 양과 세정력 등을 높여준다. 산패 속도를 늦추는 역할도 담당한다.

라우르산: 비누를 단단하게 하고 거품을 풍성하게 만들며 세정력을 높인다.
미리스트산: 비누를 단단하게 하고 세정력을 높이며 조밀한 거품을 만든다.
팔미트산: 비누를 매우 단단하게 하고 거품이 오랫동안 지속되게 한다.
스테아르산: 비누를 매우 단단하게 한다.

• 불포화지방산

상온에서 액체 상태이며 올레산, 리시놀레산, 리놀레산 등으로 이루어져 있다. 불포화지방산을 많이 함유하고 있는 오일은 피부를 부드럽고 촉촉하게 만들어준다. 다만 비누로 만들었을 때 산패 속도가 빠르고 쉽게 무른다는 단점이 있어 포화지방산을 가진 오일과 함께 레시피를 구성하는 것이 좋다.

올레산: 건조한 피부를 부드럽게 한다.
리놀레산: 건조하고 거칠어진 피부 상태를 개선하는 데 도움을 준다.
리시놀레산: 거품의 지속력을 좋게 하고 피부를 매끄럽게 한다.
리놀렌산: 건조하고 거칠어진 피부 상태를 개선하는 데 도움을 준다.

포화지방산과 불포화지방산 추천 오일 비율

	포화지방산	불포화지방산
세안용	2~4.5	5.5~8
아이· 민감성	0~3	7~10
생활용	5	5

오일별 지방산 종류과 비율

오일	포화지방산				불포화지방산			
	라우르산	미리스트산	팔미트산	스테아르산	리시놀레산	올레산	리놀레산	리놀렌산
코코넛	39~54	15~23	6~11	1~4	1	4~11	1~2	
팜			43~45	43~45		35~40	9~11	
올리브			7~11	2~3		70~80	10	2~5
녹차씨						57~62	21~25	1~3
님		2~3	14	17		55	10	
달맞이꽃종자			7	2~3		9	73	9
동백			9	1~2		77	8	
라드		1	28	13		46	10	
로즈힙			3~4	2		12~13	35~40	
마카다미아너트			8~9	4		55~60		2
미강			15~20	2~3		40~42	33~40	
보리지			9~10	3~4		20	40~43	5
살구씨			4~7			60~75	25~30	
스위트 아몬드			4~6			70~80	10~18	
시어버터			5~7	35~45		45~55	5	5
아르간		1	14			46	34	1
아보카도		15	15~30	1		50~70	16~18	
우지	1	3~5	28	20~22		36~42	3	1
월계수	25	1	15	1		31	26	1
위트점			12~13			30~35	56	1
카놀라			1			50~60	20	8~10
코코아버터			25~30	30~35		35~36		3
소이빈			10	4~6		22	50	8~10
타마누			12	13		34	38	1
포도씨			8~10	4~5		15~20	70~78	
피마자					85~95	3~4	3~5	3~5
해바라기			7	4		16	70	1~3
햄프시드			6	2		12	57	21
헤이즐너트			5	3		75	10	
호호바						10~13		
홍화씨			6~7			15	73~75	

향과 색을 더하는 첨가물

비누에 개성을 표현하고, 피부와 건강에 도움을 주는 다양한 첨가물들을 알아보세요. 에센셜 오일 등 효능을 가진 첨가물을 잘 조합하면 불면증, 우울증 개선 등 아로마테라피 효과까지 기대할 수 있어요.

비누의 향을 더해주는 첨가물

• 에센셜 오일

식물의 꽃, 과일, 씨앗, 뿌리 등에서 얻어지는 천연 향료로 특유의 향과 치유 효능을 가지고 있어 비누와 입욕제에서 많이 쓰인다. 한 가지 오일만 사용하면 향과 지속력이 약하므로 두세 가지의 오일을 블렌딩해 이를 보완한다. 인체에 영향을 주므로 임산부나 아기용으로 제작할 땐 넣지 않거나 양을 줄여 사용한다.

사용 전 알아두세요

· 임산부나 3개월 미만 영아용으로는 사용하지 않는다.
· CP비누는 향이 날아가는 속도가 빨라 비누 총량의 최대 2~3%를 첨가한다.
  →민감한 피부용은 0.5~1%를 넣고 블랙페퍼, 카다멈, 진저같은 자극이 강한 오일은 피한다.
  →어린 아이용에는 적정량의 절반을 사용한다.
· 입욕제의 경우 총량의 1% 정도 첨가한다.
· 불순물 없는 순도 100%를 사용한다.
· 빛에 약하기 때문에 반드시 갈색 차광병에 보관한다.

• 증상에 따라 골라쓰는 에센셜 오일

불면증 완화

네롤리, 라벤더, 제라늄, 샌들우드, 캐머마일 로먼

우울증 개선

레몬, 로즈, 일랑일랑, 스위트 오렌지, 그레이프 프루트

긴장 완화

제라늄, 네롤리, 라벤더, 샌들우드, 로즈우드, 스위트 오렌지

부종 붓기 제거

제라늄, 로즈메리, 사이프러스, 유칼립투스, 그레이프 프루트, 주니퍼베리

두통 편두통 완화

레몬, 바질, 페퍼민트, 캐머마일 로먼, 유칼립투스

• 지속력 높이는 에센셜 오일 블렌딩

에센셜 오일은 한 가지만 사용하면 향과 지속력이 약하다. 상향, 중향, 하향으로 이루어지는 향수처럼 두세 가지의 에센셜 오일을 블렌딩하면 이를 보완할 수 있다.

향	특징	종류	블렌딩 비율
상향 (Top note)	휘발성이 강해 가장 처음 맡을 수 있는 향이다. 주로 시트러스 계열의 향들을 사용한다.	그레이프 프루트, 네롤리, 라임, 레몬, 레몬그라스, 만다린, 메이창, 버가못, 스위트 오렌지, 티트리, 페퍼민트, 시나몬, 스피어민트, 유칼립투스, 바질, 텐저린, 페티그레인 등	25~30%
중향 (Middle note)	상향과 하향이 조화롭게 어우러지도록 만드는 향이다. 플로랄 계열 에센셜 오일들이 여기에 속한다.	라벤더, 로즈, 로즈메리, 세이지, 제라늄, 캐머마일, 주니퍼베리, 파인, 팔마로사 등	60%
하향 (Base note)	지속력이 좋아 잔향이 오래가도록 돕는다. 무거운 느낌의 향들이 많다.	로즈우드, 미르, 베티버, 샌들우드, 시더우드, 일랑일랑, 파촐리, 프랑킨센스 등	10~15%

• 기본 블렌딩 레시피

허브 계열
로즈메리, 페퍼민트, 바질, 세이지, 스피어민트 등

시트러스 계열
레몬그라스, 레몬, 라임, 메이창, 만다린, 버가못, 그레이프 프루트, 스위트 오렌지 등

플로럴 계열
로즈제라늄, 로즈우드, 라벤더, 네롤리, 캐머마일 등

오리엔탈 계열
베티버, 팔마로사, 파촐리, 샌들우드, 일랑일랑 등

수지 계열
프랑킨센스, 미르 등

스파이스 계열
시나몬, 진저, 블렉페퍼, 편백 등

수목 계열
시더우드, 주니퍼베리, 유칼립투스, 파인, 페티그레인, 티트리, 사이프러스 등

허브 계열 6mL + 시트러스 계열 4mL
2 시트러스 계열 3mL + 플로랄 계열 7mL
3 플로랄 계열 7mL + 오리엔탈 계열 3mL
4 오리엔탈 계열 5mL + 수지 계열 5mL
5 수지 계열 4mL + 스파이스 계열 6mL
6 스파이스 계열 4mL+ 수목 계열 6mL

- **인공 향료(프래그런스 오일)**

인공적으로 합성한 향료로 단독으로 사용해도 향이 강하고 오래 지속된다. 에센셜 오일에서는 찾아볼 수 없는 다양한 향들을 첨가할 수 있다. 가격이 저렴하지만 많이 사용할 경우 피부에 자극을 줄 수 있다. CP 비누에 첨가하는 경우 비누액과 부딪히는 경우가 있으므로 조금 덜어 테스트한 뒤 사용하는 것이 좋다.

사용 전 알아두세요

· 비누와 입욕제 모두 최대 1%만 첨가한다.
· 비누액과 충돌해 비누화 속도를 빠르게 만들 수 있으니 넣기 전 비누액을 조금 덜어 확인한 뒤 넣는다.

비누의 색을 입혀주는 첨가물

• 천연분말

과일이나 허브, 한약재 등을 건조한 다음 곱게 갈아 만든다. 인공 색소보다 발색이 약하지만 피부 자극이 적고 원재료가 지닌 효능을 기대할 수 있다. 첨가하는 양이 많아진다고 효능이 배가 되거나 일정 이상 색이 진해지지 않으므로 적정량인 2%를 넘지 않도록 한다.

사용 전 알아두세요

· 비누액에 녹지 않으므로 포도씨 오일, 위트점 오일, 피마자 오일 등에 미리 개어 사용한다.

오일 : 천연분말 = 1.5~2 : 1

· 너무 많이 넣으면 비누 표면이 울퉁불퉁해지거나 거품이 나는 것을 방해할 수 있으니 적정량을 사용한다.
· 쉽게 변색되는 분말은 비슷한 색의 옥사이드와 함께 사용하면 변색을 줄일 수 있다.
· 옥사이드와 함께 사용하는 경우 천연분말 양을 1%로 줄이고 비슷한 색의 옥사이드를 조금 섞어 쓴다.

피부 타입별 추천 분말

피부타입	추천 분말
건성·노화	녹차, 호박, 카카오, 오트밀, 클로렐라, 카렌듈라, 백련초, 모링가, 노니, 시금치
아토피	오트밀, 어성초, 마치현, 진피, 파프리카, 밀싹, 편백, 병풀, 카모마일
민감성	민들레, 카렌듈라, 핑크 클레이, 화이트 클레이
지성·각질 제거	숯, 율피, 청대, 녹차, 황토, 가슬, 곡물, 호두껍질, 해초, 그린 클레이, 카올린 클레이
여드름	숯, 어성초, 녹두, 칼라민
미백	백장감, 감초, 브로콜리 ,시금치, 살구씨, 진주, 미강.

*클레이 분말은 비누화 속도를 빠르게 하므로 1% 이하로 첨가하는 것이 좋다.

• 옥사이드

광물에서 불순물을 제거해 만든 색소로 발색이 잘돼 천연분말에서 표현할 수 없는 색들을 비누에 담고자 할 때 사용한다. 액상과 분말 두 가지가 있는데, 분말은 비누액과 섞이지 않으므로 미리 오일에 개어 사용한다. 오일에 갤 때는 으깨듯이 풀어야 뭉침이 없다.

• 마이카

색소 중 가장 고운 분말 형태로 색이 맑고 미세한 펄이 들어있어 은은하게 반짝이는 효과를 낼 수 있다. 천연분말이나 옥사이드에 비해 색상이 다양하고 비누액과도 잘 섞여 사용이 편리하다. 비누액에 조금씩 넣어가며 색의 농도를 조절할 때 좋다.

• 식용색소

식품에 색을 내기 위해 만든 색소로 천연분말로 낼 수 없는 색이나 천연분말보다 진한 색을 낼 때 쓴다. 색이 선명하고 입자가 고와 투명 비누 베이스로 깨끗한 비누액을 표현할 때 쓰인다. CP 비누에서는 쉽게 변색되기 때문에 사용하지 않는다.

자주 쓰이는 색 내기

화이트
···› 티타늄디옥사이드

베이지·브라운
···› 미강, 카카오, 어성초, 녹차, 편백, 삼백초, 황토, 브라운 마이카, 브라운 옥사이드

옐로
···› 유노하나, 치자, 호박, 옐로 클레이, 옐로 마이카, 옐로 옥사이드

오렌지
···› 파프리카, 레드 클레이, 오렌지 옥사이드, 오렌지 마이카

핑크
···› 딸기, 백년초, 코치닐, 칼라민, 소목, 핑크 클레이, 핑크 마이카, 핑크 옥사이드

그린
···› 스피룰리나, 클로렐라, 밀싹, 쑥, 모링가, 시금치, 그린 클레이, 그린 옥사이드, 그린 마이카

민트
···› 청대＋클로렐라＋티타늄디옥사이드, 민트 옥사이드

블루
···› 청대, 청대＋티타늄디옥사이드, 블루 마이카, 블루 옥사이드

바이올렛
···› 청대+코치닐, 바이올렛 옥사이드, 바이올렛 마이카

블랙
···› 숯, 블랙 옥사이드

기타 첨가물

• 드라이 허브 · 드라이 플라워

비누에 효능을 첨가하거나 장식할 때 사용한다. 효능을 첨가할 때는 물이나 오일에 담그거나 우려내 비누액에 섞는다. 장식으로 사용할 때는 별도의 가공 없이 비누액 위에 올려 사용하는데 열과 반응해 변색되는 경우도 있으니 미리 테스트한 뒤 사용하도록 한다.

물로 우리기

끓는 물에 넣어 성분을 추출하는 방법

1 거름망을 준비해 원하는 허브를 넣는다.

2 끓는 물을 부어 우려낸다.

*사용하고 남은 것은 냉장 보관한다. 일주일 이내로 사용하는 것이 좋다.

인퓨즈하기

오일에 담가 성분을 우려내는 방법

1 용기에 에탄올을 뿌려 소독한다.

2 베이스 오일을 계량해 넣는다.

3 드라이 허브나 한약재 등 준비한 재료를 넣는다.

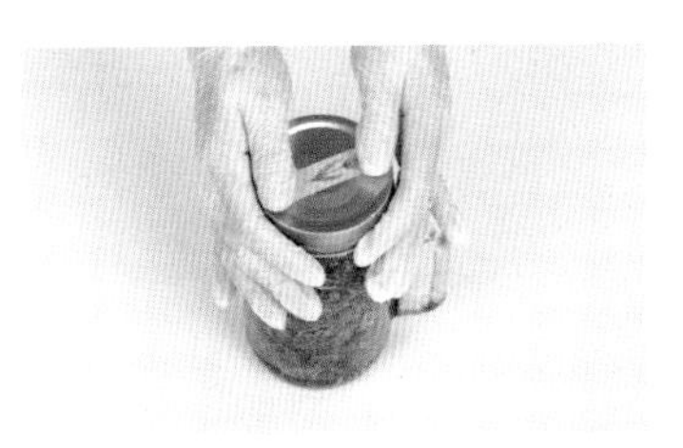

4 뚜껑을 닫은 뒤 날짜를 기록해 보관한다. 한 달 정도 지나면 사용할 수 있다.

*서늘하고 그늘진 곳에 보관해야 오일이 상하지 않는다.

비누 만드는 데 필요한 도구

비누 만들기 전, 미리 도구를 준비해두면 비누 만드는 일이 쉬워져요. 천연비누 만들 때 필요한 도구들을 알아보세요. 다양한 도구들의 특징을 잘 알아두면 필요할 때 적절하게 활용할 수 있어요.

• 저울

재료들을 정확하게 계량할 때 사용한다. 비누를 만들 때는 에센셜 오일이나 천연분말같이 소량으로 쓰이는 재료가 많으므로 0.1g이나 0.01g 단위까지 나오는 디지털 저울이 좋다.

• 핫플레이트 · 인덕션

오일을 중탕하거나 상온에서 고체인 버터류를 녹일 때 사용한다. 가스레인지처럼 직접 불을 가하는 가열도구는 바닥이 타거나 비누액에 거품이 많이 올라올 수 있으니 사용하지 않는 것이 좋다.

• 온도계

유리 온도계나 디지털 온도계 두 가지 종류가 있다. 온도를 잴 때는 내용물을 충분히 저은 뒤 1~3회 반복해서 재야 정확한 온도를 측정할 수 있다. 유리 온도계는 높은 온도에서 깨질 위험이 있으니 주의해 사용한다.

• 비커

가성소다 수용액을 만들거나 비누액을 나눠 담을 때 사용한다. 드로잉 비누를 작업할 때는 비커의 코가 긴 것이 편리하기 때문에 코가 짧은 것과 긴 것 두 가지 모두 준비한다. 비누액 온도를 고려해 내열용으로 고른다.

• 계량스푼

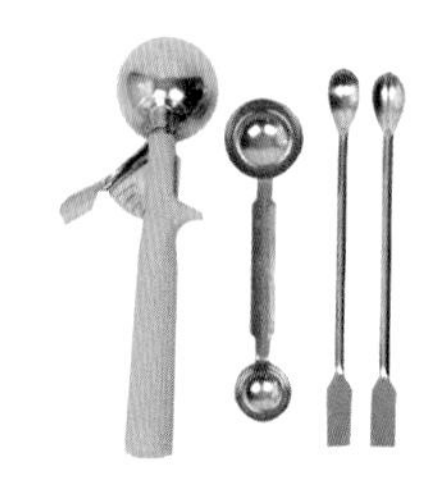

분말을 계량하거나 재료를 섞을 때 사용한다. 스푼 뒷면으로 비누액에 모양을 내는 데도 쓸 수 있다. 고체 형태인 버터류를 계량할 때는 아이스크림 스쿠프를 사용하면 편리하다.

• **몰드**

비누액을 담아 굳히는 데 사용한다. 실리콘 재질의 직사각형 몰드가 자주 쓰인다. 보온 과정에서 뚜껑을 덮지 않으면 소다회가 생길 수 있기 때문에 뚜껑이 있는 것을 고른다.

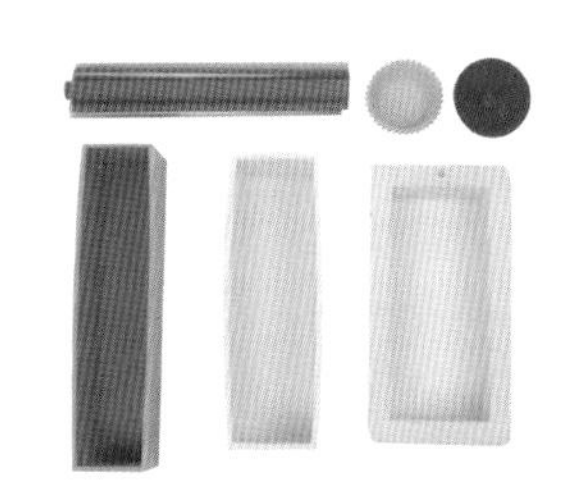

• **핸드 블렌더**

베이스 오일과 가성소다 수용액을 섞어 트레이스 낼 때 사용한다. 가성소다와 닿기 때문에 블렌더 날이 스테인리스로 된 것을 고른다. 블렌더 회전속도를 조절할 수 있는 것이 편리하다.

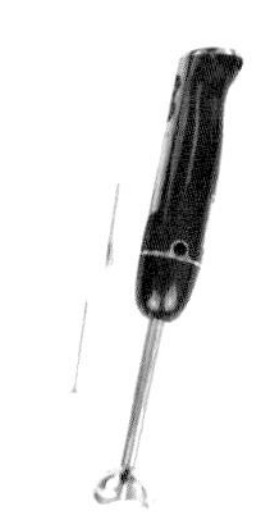

• **실리콘 주걱**

트레이스 과정에서 핸드 블렌더와 번갈아가며 사용한다. 몰드에 비누액을 부을 때 사용하면 비누액을 남김없이 사용할 수 있다. 너무 딱딱하지 않고 적당히 탄력 있는 것이 좋다.

• **커터 · 비누칼**

비누를 원하는 크기로 자를 때 사용한다. 피아노 줄은 이용하면 비누를 반듯하게 자를 수 있지만 비누가 단단할 경우 끊어질 수 있으므로 CP 비누에 적합하다. MP 비누는 비누칼로 자르는 것이 좋다. 비누칼은 주방용 칼도 가능하지만 분리해 사용한다.

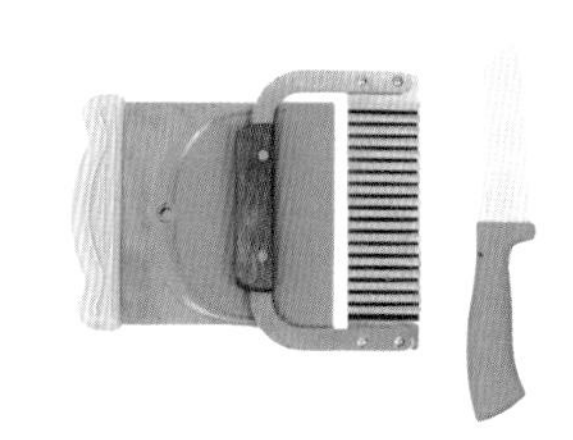

• pH **테스트 페이퍼 (리트머스 종이)**

비누를 사용하기 전 pH 수치를 테스트하는 용지이다. 비누에 물을 묻혀 살짝 거품을 낸 뒤 용지에 반응시켜 수치를 확인한다. pH 값이 7~9 정도 나오는 것이 좋다.

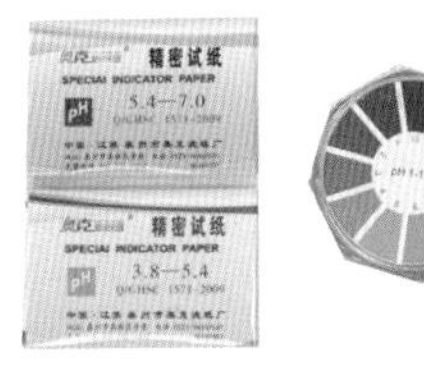

• **앞치마 · 토시 · 라텍스 장갑**

가성소다 수용액이나 비누액이 피부나 옷에 닿지 않도록 돕는다. 가성소다는 강한 알칼리성 물질로 피부에 닿으면 화상을 입을 수 있기 때문에 보호장비를 꼭 착용한다.

비누 레시피 구성하기

비누 레시피 짜는 법을 익혀 세상에 단 하나뿐인 비누를 만들어보세요. 처음에는 베이스 오일을 고르고, 조합하고, 가성소다 값을 구하는 게 복잡해 보일 수 있어요. 하지만 천천히 따라 하다 보면 전혀 어렵지 않아요. 맑고 깨끗한 피부 만들어주는 천연비누 만들기 본격적으로 시작해볼까요?

1. 용도 정하기

비누를 만들 때 가장 먼저 해야 할 것은 비누의 용도를 정하는 것이다. 피부에 쓸 것이라면 세안용인지 목욕용인지 정하고 쓸 사람이 누구인지, 어떤 효과가 필요한지 고른다. 세정력을 높여 세탁비누나 설거지비누 같은 생활비누를 만들어도 좋다. 용도에 따라 사용되는 오일의 가짓수나 비율이 결정된다.

용도	종류	특징	내용
피부용	카스틸 비누	한 가지 오일로 제작	스페인의 카스티야 지방에서 유래한 비누로, 한 가지 오일로만 만든다. 매우 순하기 때문에 예민한 피부나 아이용 비누로 적합하다. 쉽게 무르므로 산패 속도가 느리고 경도가 좋은 오일로 만드는 것이 좋다. * 추천 오일 : 동백, 아보카도, 마카다미아너트, 올리브 등
	마르세유 비누	한 가지 오일을 70% 이상 넣고 코코넛 오일, 팜 오일을 추가해 제작	프랑스 마르세유 지방의 마르세유 비누가 시초로, 전체 오일 중 72%를 올리브오일로 채워 자극이 없고 촉촉하다. 카스틸 비누보다 단단해 관리가 쉽다. 최근에는 아보카도나 동백 오일 등 다른 오일로 대체해 만들기도 한다.
	일반 비누	코코넛 오일, 팜 오일을 포함해 3~5가지 오일을 넣어 제작	비누 용도와 피부 타입에 따라 다양한 오일과 첨가물을 넣어 만든다. 향과 색, 세정력, 효능 등을 자유롭게 결정할 수 있고 경도나 산패를 조절할 수 있어 가장 많이 만들어지는 비누이다.
생활용	세탁비누·설거지비누	코코넛 오일과 팜 오일을 50% 이상 넣어 제작	코코넛 오일과 팜 오일을 전체 비누 양의 절반 이상 배합해 세정력을 높인 다용도 비누다. 기름때나 물때 등 오염을 쉽게 없앨 수 있고, 물에 닿으면 미생물에 의해 자연 분해돼 환경을 보호하는 효과도 있다. 계핏가루나 베이킹소다, 전분 등을 넣으면 살균 효과를 볼 수 있다.

2. 레시피 구성하기

용도를 결정했다면 어떤 오일을 사용해 비누를 만들지 정해야 해요. 이 과정에서는 본인의 피부에 잘 맞는 오일을 찾아 배합하는 것이 중요합니다. 초보자라고 걱정하지 않아도 돼요. 피부 타입별로 무난하게 쓸 수 있는 기본 레시피를 준비했어요. 우선 기본 레시피를 따라 해보며 어떤 오일을 선택해 양을 가감할지 찾아보세요.

비누 500g을 만들 때 필요한 오일의 양 = 375g
비누 1kg을 만들 때 필요한 오일의 양 = 750g
*±20~50g 정도 조절 가능

비누 비율 정하기 (베이스 오일 750g 기준)

피부 타입	코코넛 · 팜 오일의 양	베이스 오일의 양	추천 오일	정제수 양
건성 · 노화	각 100~150g + 시어버터 50g (생략 가능)	400~500g	올리브, 스위트 아몬드, 카놀라, 아보카도, 동백, 마카다미아너트, 로즈힙	210g (전체 오일 양의 28%)
민감성 · 아토피			올리브, 달맞이꽃 종자, 미강, 헴프시드, 동백, 아보카도, 보리지	
중성 · 모든 피부용	각 150~180g	390~450g	올리브 및 대부분의 오일	225g (30%)
트러블 · 지성	각 180~200g	350~390g	올리브, 포도씨, 녹차씨, 살구씨, 헤이즐넛, 해바라기씨	여름: 225g (30%) 가을 · 겨울: 240g (32%)
두피	각 200~220g	310~350g	녹차씨, 동백, 아보카도, 월계수	247g (33%)

* 코코넛 오일이나 팜 오일을 너무 적게 넣으면 비누가 쉽게 무른다. 이럴 땐 버터류를 10% 이하로 첨가해 경도를 보완해 주는 것이 좋다.
* 정제수 양 = 750g(총 오일양) × 28~33%
정제수의 양은 계절이나 용도에 따라 1~2% 조절한다.

피부 타입별 기본 레시피

건성·노화

코코넛 100g
팜 100g
올리브 400g
마카다미아너트 100g
시어버터 50g

가성소다 107g
정제수(28%) 210mL

민감성·아토피

코코넛 150g
팜 150g
올리브 300g
동백 100g
달맞이꽃 종자 50g

가성소다 110g
정제수(30%) 225mL

중성

코코넛 170g
팜 180g
올리브 250g
스위트 아몬드 80g
살구씨 70g

가성소다 111g
정제수(32%) 240mL

트러블·지성

코코넛 170g
팜 180g
올리브 200g
녹차씨 100g
포도씨 100g

가성소다 110g
정제수(32%) 240mL

두피

코코넛 200g
팜 150g
올리브 100g
동백 100g
아보카도 100g
피마자 50g
월계수 50g

가성소다 113g
정제수(32%) 240mL

3. 가성소다 값 구하기

베이스 오일이 비누가 되려면 가성소다를 넣어 화학반응을 일으켜야 해요. 이 화학반응을 비누화라고 하는데 비누화를 일으키는 데 필요한 가성소다 양을 비누화 값이라고 해요. 오일마다 비누화 값이 다르니 비누의 특징을 결정하는 베이스 오일p.18 을 참고해 첨가해야 할 가성소다의 양을 구해보세요.

> 오일 양(mL) × 비누화 값 = 가성소다 양(g)

칼라민 비누 1kg을 만들 때 필요한 가성소다 값

코코넛 오일 120g × 코코넛 오일 비누화 값 0.190 = 22.8g
팜 오일 130g × 팜 오일 비누화 값 0.141 = 18.33g
올리브오일 300g × 올리브오일 비누화 값 0.134 = 40.2g
스위트 아몬드 오일 100g × 스위트 아몬드 오일 비누화 값 0.136 = 13.6g
살구씨 오일 100g × 살구씨 오일 비누화 값 0.135 = 13.5g

4. 디자인하기

기본적인 재료가 구성됐다면 이젠 비누에 어떤 디자인을 담을지 정해보세요. 드라이 허브 같은 첨가물로 포인트를 주는 심플한 디자인부터 사진이나 그림을 따라 해보는 정교한 디자인까지 표현하고 싶은 것들을 비누에 자유롭게 담아보는 거예요. 기억하기 쉽게 비누에 이름 붙이는 것도 잊지 마세요.

나만의 비누 만들기

a) 디자인 정해 스케치하기

나만의 비누를 만드는 첫 번째 단계는 메인 컬러 3가지를 정하는 것이다. 이때 좋아하는 그림이나 사진이 있으면 좋다. 그림이나 사진 안에서 가장 많이 쓰이는 색 3가지를 선택하면 실패할 확률이 적다. 색을 골랐다면 블랙체크 비누 처럼 색이 다른 비누액을 단순 배치하는 디자인부터 시작한다. 쉬운 디자인을 비누로 표현할 수 있게 되면 그림이나 사진 속 포인트를 잡아 스케치한다. 스탬프나 드라이플라워 · 허브 같은 첨가물을 고려해 디자인해보는 것도 좋다.

b) 디자인에 맞는 색 첨가물 정하기

디자인을 참고해 어떤 색 첨가물을 사용할지 정한다. 자연스러운 색을 원하면 천연분말, 진하고 밝은 색을 표현하려면 마이카나 식용색소 등의 첨가물을 이용한다. 색 첨가물의 특징은 향과 색을 더하는 첨가물 을 참고한다.
미리 비누액을 담을 비커나 종이컵을 준비해 원하는 색과 들어가는 첨가물에 대해 써놓으면 헷갈리지 않는다.

c) 향 첨가물 정하기

비누 디자인을 고려해 어울리는 향을 고른다.

이름	고래 품은 바다	디자인 스케치
추천 피부	모든 피부용	
재료	코코넛 오일 150g 팜 오일 150g 올리브오일 300g 아보카도 오일 150g 가성소다(0%) 109g 정제수(30%) 225mL	
색 첨가물	남색, 흰색 · 숯가루 1g · 청대 분말 5g · 티타늄디옥사이드(액상) 적당량	남색 비누액 600mL ··· 비누액 600mL, 숯가루 1g, 청대 분말 5g
향 첨가물	청량한 느낌으로 블렌딩 · 페퍼민트 에센셜 오일 5mL · 유칼립투스 에센셜 오일 5mL	흰색 비누액 400mL ··· 비누액 400mL, 티타늄디옥사이드(액상) 적당량

PART 2

베이직 CP비누

베이스 오일부터 향과 색 첨가물까지 직접 골라 만드는 가장 대표적인 천연비누예요. 저온에서 만들어 오일의 효능 남아있고 4주 이상 숙성시켜 순하고 촉촉하답니다.

한눈에 보는 CP 비누 만들기

1

베이스 오일 준비하기

비커에 베이스 오일을 계량해 담고 중탕해 녹인다.

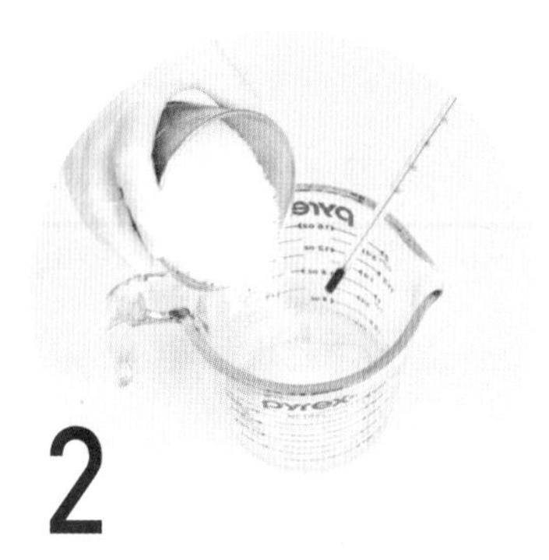

2

가성소다 수용액 만들기

정제수에 가성소다를 넣어 가성소다 수용액을 만든다. 정제수와 가성소다가 만나면 열이 발생하는데 이때 정제수의 반을 얼려 사용하면 온도가 너무 높아지는 것을 방지할 수 있다. 정제수 대신 드라이 허브를 우린 증류수를 사용하면 별도의 효능을 기대할 수 있다.

7

4주 이상 숙성시키기

보온이 끝나면 비누 커터나 비누칼, 피아노 줄 등을 이용해 비누를 자른다. 필러나 비누 대패를 이용해 모서리를 깎아내면 그립감이 좋아진다. 자른 비누는 바람이 잘 통하는 곳에서 중간중간 뒤집어가며 4주 이상 건조한다.

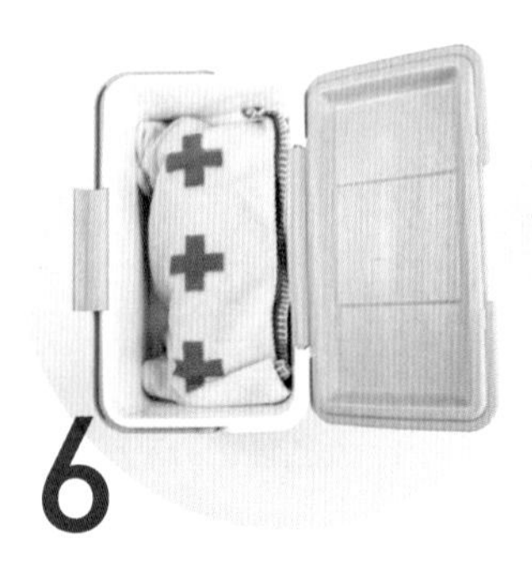

6

30℃에서 24시간 이상 보온하기

겨울에는 스티로폼이나 아이스박스에 넣어 보온하고 여름에는 담요에 싸거나 상온에 둔다. 평균 보온시간은 24~36시간이지만 레시피에 따라 차이가 있다. 몰드를 만졌을 때 완전히 식었으면 보온이 끝난 것이다.

3

베이스 오일과 가성소다 수용액 섞기

베이스 오일과 가성소다 수용액은 40~45℃에서 섞어야 비누화가 안정적으로 진행된다. 작업에 시간이 걸리는 경우 비누액 온도가 30℃ 밑으로 떨어지지 않도록 주의한다.

4

트레이스 내기

1. 베이스 오일과 가성소다 수용액을 섞은 다음 실리콘 주걱으로 충분히 섞는다.
2. 공기가 들어가지 않도록 비커와 블렌더를 기울인 다음 블렌더 날을 비누액에 넣는다.
3. 블렌더로 지그재그를 그리며 섞는다. 비누액이 되직해질 때까지 5~10회 정도 반복한다.
4. 블렌더를 담근 채 실리콘 주걱으로 '8'자를 그리면서 젓는다. 30초 이상 반복해 굳은 비누액을 충분히 풀어준다.
5. ③, ④ 과정을 반복한다. 비누액이 묽은 수프처럼 변하면 실리콘 주걱으로 ☆을 그려 자국이 남는지 확인한다.

* 드로잉 비누를 만들기 위해서는 기본 트레이스보다 묽거나 되직한 트레이스를 익히는 것이 좋다.

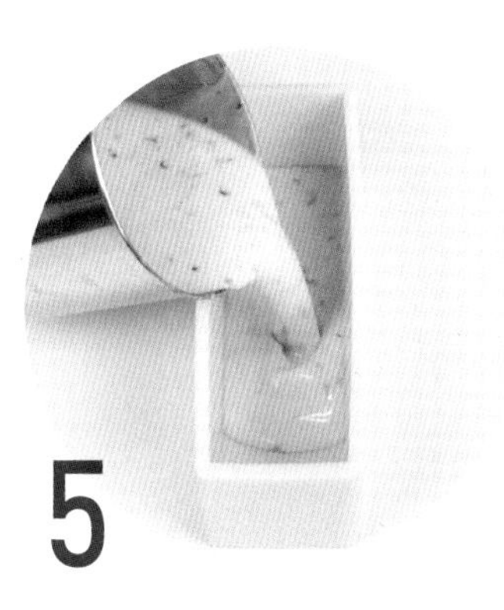

5

첨가물 넣어 몰드에 붓기

첨가물은 향 → 색 → 드라이 허브 순으로 넣는다. 비누액이 완성되면 몰드에 부어 모양을 잡는다.

동백 카스틸 비누

카스틸 비누는 한 종류의 오일로 만들어 오일의 효능을 집중적으로 느낄 수 있는 비누예요. 피부의 수분을 지켜주고 노화를 막아주는 동백 오일로 카스틸 비누를 만들어보세요. 순하고 촉촉해 피부가 약한 아기나 심한 건성 피부를 가진 사람에게 좋아요.

Skin type

피부 타입	해당
건성	☑
지성	☐
복합성	☐
민감성	☐
여드름	☐
노화	☑
아토피	☑
아기용	☑

재료

베이스 오일

동백 오일 750g

가성소다 수용액

가성소다 102g

정제수(28%) 210mL

에센셜 오일

라벤더 에센셜 오일 10mL

만다린 에센셜 오일 6mL

로즈우드 에센셜 오일 4mL

색 첨가물

핑크 마이카 조금

티타늄디옥사이드(액상) 적당량

··· 디자인 스케치

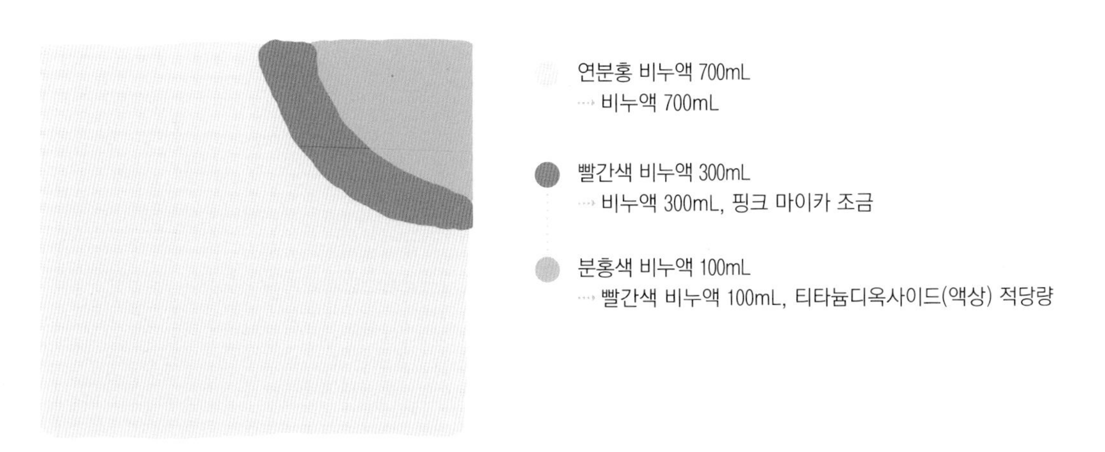

연분홍 비누액 700mL
···› 비누액 700mL

빨간색 비누액 300mL
···› 비누액 300mL, 핑크 마이카 조금

분홍색 비누액 100mL
···› 빨간색 비누액 100mL, 티타늄디옥사이드(액상) 적당량

비누액 만들기

1 비커에 동백 오일을 계량해 넣고 중탕해 데운다.

2 가성소다와 정제수를 섞어 가성소다 수용액을 만든다.

3 베이스 오일과 가성소다 수용액의 온도를 40~45℃로 맞춘 뒤 섞는다.

색 내서 몰드에 붓기

4 실리콘 주걱과 블렌더를 번갈아 사용해 트레이스를 낸다.

5 트레이스가 완성되면 에센셜 오일을 넣어 섞는다.

6 핑크 마이카를 오일에 갠 다음 비누액 300mL 넣어 빨간 비누액을 만든다.

7 남은 700mL의 연분홍 비누액을 몰드에 붓는다.

tip

동백 오일같이 불포화지방산이 많이 들어있는 오일로 카스틸 비누를 만들면 보습 효과가 좋아지는 대신 비누가 쉽게 물러져요. 정제수의 양을 최소로 잡아 제작하고, 물이 잘 빠지는 트레이에 놓고 사용하세요.

8 ⑥의 빨간 비누액 200mL를 몰드 한쪽에 조심스럽게 붓는다.

9 남은 빨간 비누액 100mL에 티타늄디옥사이드를 넣어 분홍색 비누액을 만든다.

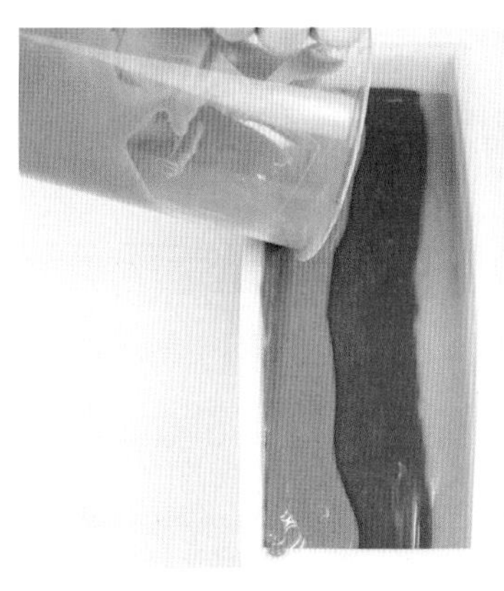

10 빨간 비누액 위로 분홍색 비누액을 붓는다.

11 납작한 막대를 몰드 바닥까지 깊숙이 넣고 바깥을 따라 움직여 테두리를 정리한다.

보온하기

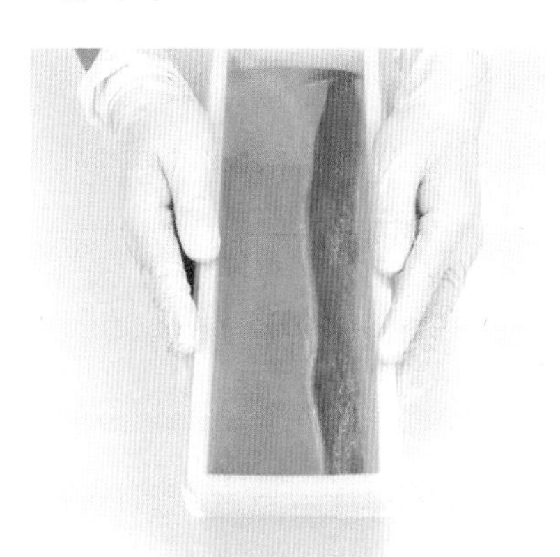

12 몰드 뚜껑을 닫고 30℃의 온도에서 하루 정도 보온한다.

잘라 건조하기

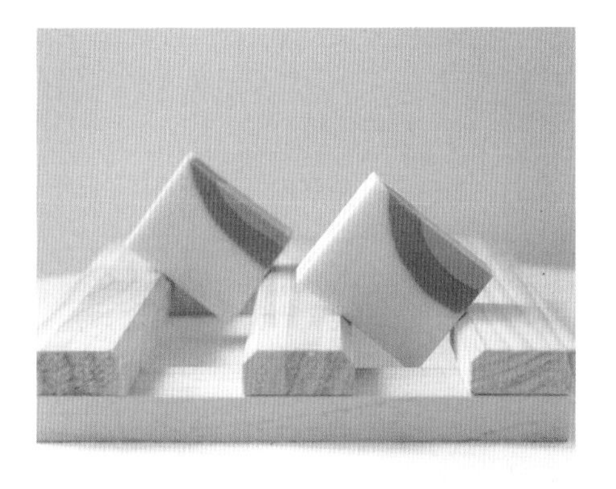

13 원하는 모양으로 자른 뒤 통풍이 잘 되는 곳에서 4~6주 정도 건조해 사용한다.

중건성 피부용

카렌듈라 마르세유 비누

카렌듈라는 피부 진정에 효과적인 플라노보이드 성분이 풍부해 여드름 피부나 발진이 많은 아기 피부에 참 좋아요. 카렌듈라와 올리브오일을 듬뿍 넣어 아기부터 어른까지 온 가족이 두루 쓸 수 있는 비누를 만들어보세요.

Skin type

건성	☑
지성	☐
복합성	☐
민감성	☑
여드름	☑
노화	☐
아토피	☑
아기용	☑

재료

베이스 오일

코코넛 오일 100g
팜 오일 100g
올리브오일 500g
시어버터 50g

가성소다 수용액

가성소다 106g
카렌듈라 증류수(28%) 210mL

에센셜 오일

스위트 오렌지 에센셜 오일 6mL
라벤더 에센셜 오일 10mL
시더우드 에센셜 오일 4mL

색 첨가물

티타늄디옥사이드(액상) 적당량

기타 첨가물

카렌듈라 드라이 허브 적당량

··· 디자인 스케치

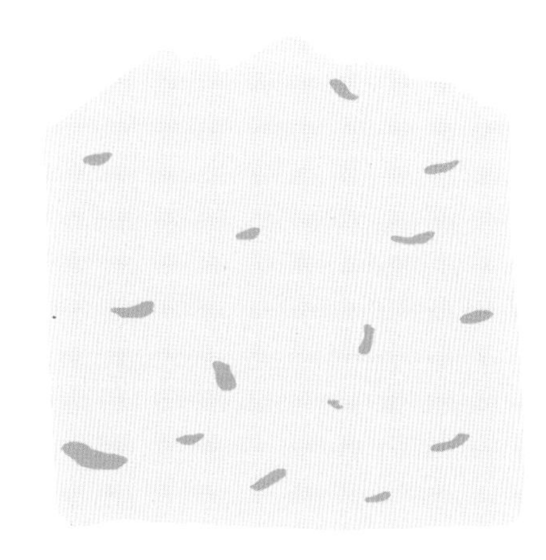

노란색 비누액 1000mL
··· 비누액 1000mL, 티타늄디옥사이드(액상) 적당량

● 카렌듈라 드라이 허브 적당량

비누액 만들기

1 비커에 코코넛 오일, 팜 오일, 올리브오일, 시어버터를 넣고 중탕해 녹인다.

2 카렌듈라 증류수에 가성소다를 넣고 녹을 때까지 잘 섞는다.

3 베이스 오일과 가성소다 수용액의 온도를 40~45℃로 맞춘 뒤 섞는다.

4 실리콘 주걱과 블렌더를 번갈아 사용해 트레이스를 낸다.

5 트레이스가 완성되면 에센셜 오일을 넣어 섞는다.

tip

올리브오일 대신 카렌듈라 침출유를 사용해도 좋아요.

드라이 허브 넣어 몰드에 붓기

6 비누액에 티타늄디옥사이드를 조금씩 넣어가며 원하는 색을 낸다.

7 카렌듈라 드라이 허브를 넣어 고루 섞는다.

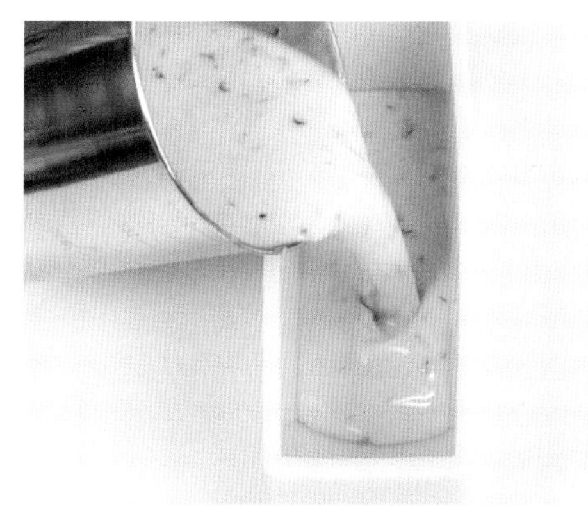

8 몰드에 완성된 비누액을 붓는다.

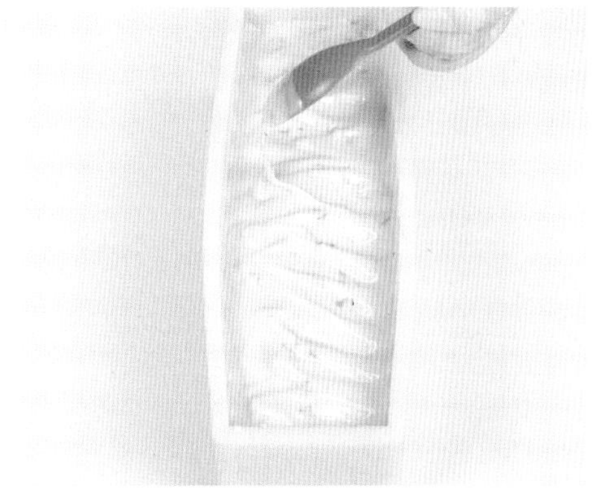

9 스푼 뒷면으로 곡선을 그리며 비누액을 가운데로 모아 올리고 반대편도 똑같은 방법으로 모양을 낸다.

보온하기

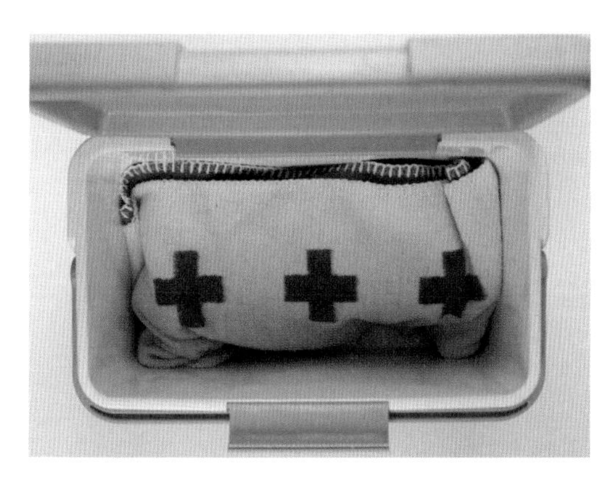

10 몰드 뚜껑을 닫고 30℃의 온도에서 하루 정도 보온한다. 보온하기p.38

잘라 건조하기

11 원하는 크기로 자른 뒤 통풍이 잘 되는 곳에서 4~6주 정도 건조해 사용한다.

중건성 피부용

칼라민 큐브 비누

붉게 달아오른 피부나 울긋불긋한 트러블이 걱정이라면 칼라민의 도움을 받아보세요. 칼라민에 들어있는 산화아연은 염증을 완화하는 데 뛰어난 효과를 보여요. 사랑스러운 핑크빛 비누로 여드름, 땀띠 등 트러블을 빠르게 진정시켜보세요.

Skin type

- 건성 ☑
- 지성 ☐
- 복합성 ☐
- 민감성 ☑
- 여드름 ☑
- 노화 ☐
- 아토피 ☑
- 아기용 ☑

재료

베이스 오일

코코넛 오일 120g
팜 오일 130g
올리브오일 300g
스위트 아몬드 오일 100g
살구씨 오일 100g

가성소다 수용액

가성소다 108g
정제수(30%) 225mL
식이유황 8g

에센셜 오일

라벤더 에센셜 오일 10mL
버가못 에센셜 오일 6mL
로즈제라늄 에센셜 오일 4mL

색 첨가물

칼라민 분말 12g

··· 디자인 스케치

흰 비누액 300mL
→ 비누액 300mL, 티타늄디옥사이드(액상) 적당량

연분홍색 비누액 200mL
→ 비누액 200mL, 칼라민 분말 2g, 티타늄디옥사이드(액상) 적당량

분홍색 비누액 500mL
→ 비누액 500mL, 칼라민 분말 10g

1 비커에 베이스 오일을 계량해 넣은 뒤 중탕해 녹인다.

2 가성소다와 정제수를 섞어 가성소다 수용액을 만든다.

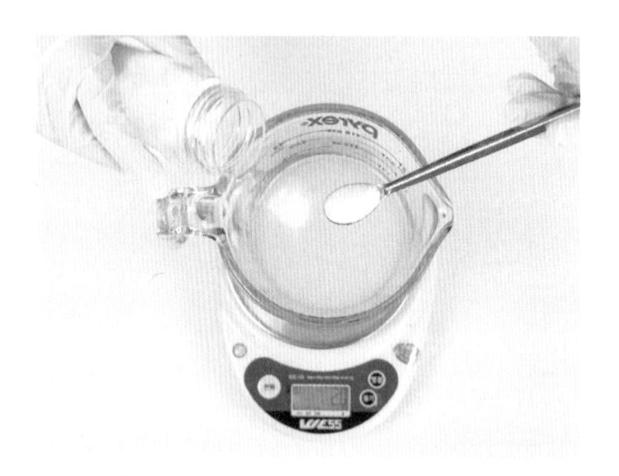

3 가성소다 수용액에 식이유황을 넣은 뒤 충분히 저어 녹인다.

tip

식이유황은 각질을 녹여 피부를 부드럽게 해주는 역할을 해요. 소염 효과도 있어 알레르기나 피부 염증을 완화하는 데도 도움을 줍니다. 적정 첨가량은 비누액의 2% 이내로, 비누 1kg을 제작할 때 10~20g 정도가 적당해요. 오일에 녹지 않기 때문에 30~40℃ 정제수에 미리 녹여 사용해야 하며, 잘 안 녹는다면 블렌더를 이용해 섞어주세요.

4 녹인 베이스 오일과 가성소다 수용액의 온도를 40~45℃로 맞춘 뒤 섞는다.

5 실리콘 주걱과 블렌더를 번갈아 사용해 트레이스를 낸다.

색 내서 몰드에 붓기

6 트레이스가 완성되면 에센셜 오일을 넣어 섞는다.

7 디자인 스케치를 참고해 비누액을 3가지로 나눈 뒤 칼라민 분말을 넣어 색을 낸다.

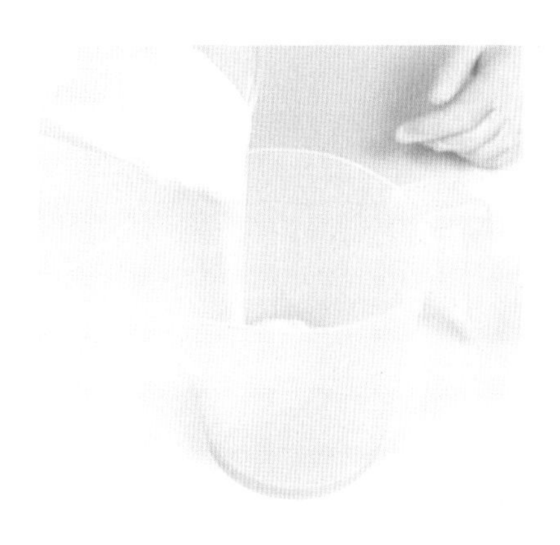

8 세 가지 비누액을 큰 비커에 차례대로 담는다. 담은 뒤 섞지 않는다.

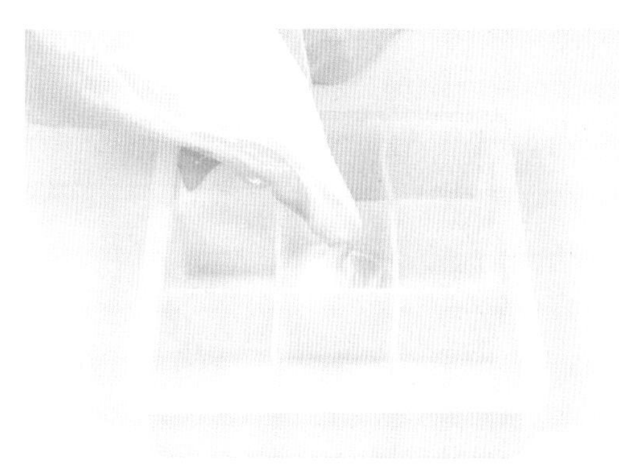

9 준비한 몰드에 천천히 붓는다.

보온하기

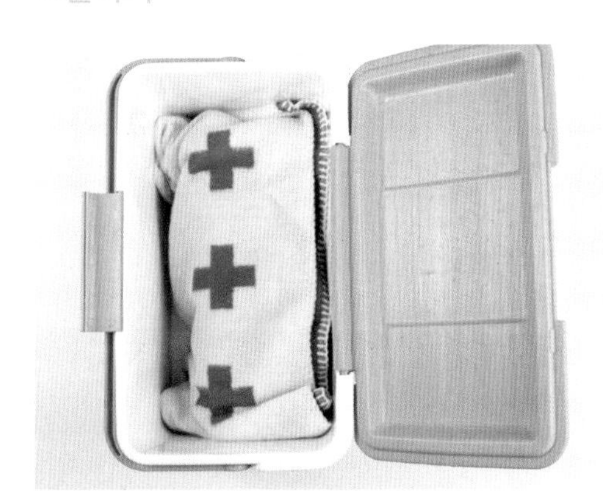

10 몰드 뚜껑을 닫고 30℃의 온도에서 하루 정도 보온한다. 보온하기 p.38

잘라 건조하기

11 보온이 끝나면 비누를 몰드에서 분리한 뒤 통풍이 잘 되는 곳에서 4~6주 정도 건조해 사용한다.

산양유 비누

산양유는 모유와 유사한 영양 성분이 있어 부드럽고 촉촉한 비누를 만들 수 있어요. 단백질 효소가 풍부해 묵은 각질을 제거하는 데도 도움을 준답니다. 숯가루를 이용해 알록달록한 무늬를 표현하면 욕실의 귀여운 포인트가 돼요.

Skin type

- 건성 ☑
- 지성 ☐
- 복합성 ☐
- 민감성 ☑
- 여드름 ☐
- 노화 ☑
- 아토피 ☐
- 아기용 ☐

재료

베이스 오일

코코넛 오일 100g
팜 오일 100g
올리브오일 400g
피마자 오일 50g
코코아버터 100g

가성소다 수용액

가성소다(0%) 106g
얼린 산양유(30%) 225mL

에센셜 오일

레몬 에센셜 오일 5mL
라벤더 에센셜 오일 10mL
팔마로사 에센셜 오일 5mL

색 첨가물

숯가루 3g
티타늄디옥사이드(액상) 적당량

··· 디자인 스케치

흰 비누액 700mL
··· 비누액 700mL, 티타늄디옥사이드(액상) 적당량

● 검은색 비누액 300mL
··· 비누액 300mL, 숯가루 3g

비누액 만들기

1 비커에 베이스 오일을 계량해 넣은 뒤 중탕해 녹인다.

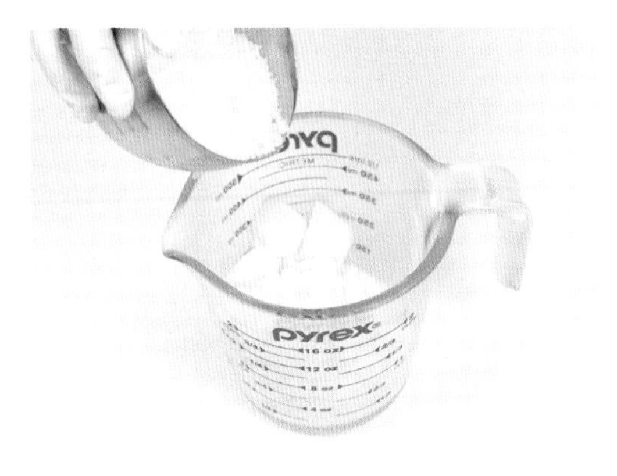

2 얼린 산양유를 비커에 담고 가성소다를 조금씩 넣는다. 이때 온도가 40℃를 넘어가지 않도록 주의한다.

3 베이스 오일 담은 비커에 거름망을 대고 가성소다 수용액 조금씩 붓는다. 역시 온도가 40℃를 넘지 않도록 주의한다.

tip

가성소다 수용액으로 정제수 대신 유제품을 사용할 때는 온도에 신경써야 해요. 섞는 온도가 40℃를 넘어가면 단백질이 응고돼 수용액이 노랗게 변해요. 사용하는 데는 문제없지만 비누가 얼룩덜룩해지므로 거름망에 걸러 사용하는 것이 좋아요. 미리 유제품을 얼린 뒤 가성소다와 섞으면 온도가 높이 올라가는 것을 막을 수 있습니다.

4 실리콘 주걱을 이용해 비누액을 잘 섞는다.

5 블렌더를 이용해 트레이스를 낸다. 트레이스 내기 p.[illegible]

6 트레이스가 완성되면 에센셜 오일을 넣어 섞는다.

7 디자인 스케치를 참고해 비누액을 2가지로 나눈 뒤 색 첨가물을 넣어 색을 낸다.

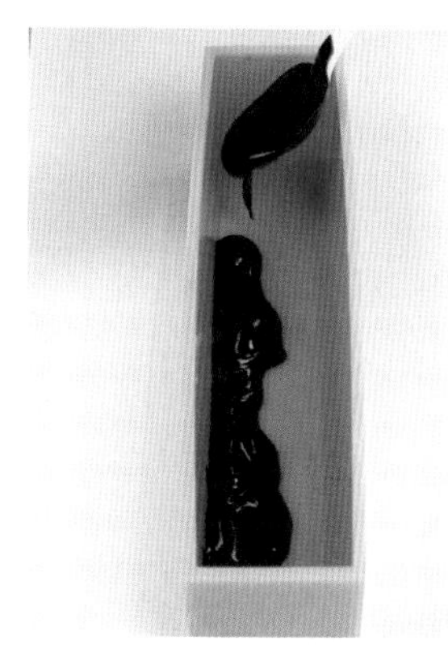

8 스푼을 이용해 검은색 비누액을 몰드 한쪽에 담는다.

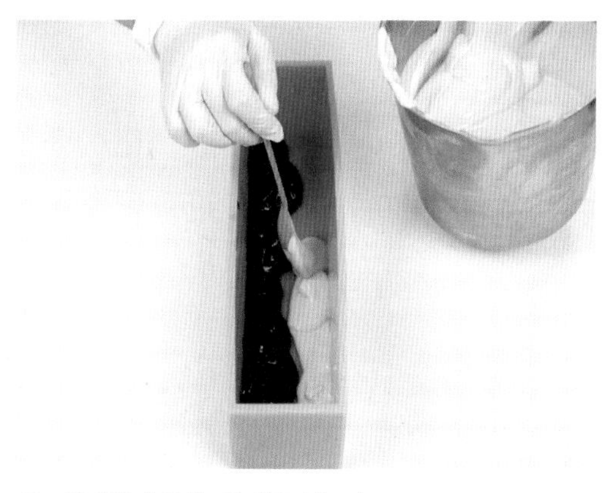

9 반대쪽에 흰색 비누액을 넣는다.

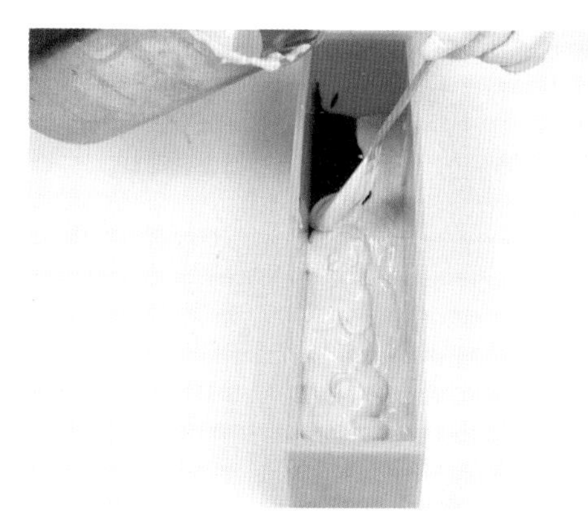

10 검은색 비누액과 흰색 비누액이 섞이지 않도록 조심스럽게 올린다.

11 스푼을 이용해 검은색 비누액을 한 줄로 담는다. 이때 비누액끼리 겹치지 않도록 교차하여 담는다.

12 ⑧~⑪을 반복해 몰드를 채운다.

13 납작한 막대를 몰드 바닥까지 깊숙이 넣고 바깥을 따라 움직여 테두리를 정리한다.

보온하기

14 뚜껑을 닫고 30℃의 온도에서 하루 정도 보온한다.

보온하기 p.38

잘라 건조하기

15 원하는 크기로 자른 뒤 통풍이 잘 되는 곳에서 4~6주 정도 건조해 사용한다.

오렌지 비누

아토피 피부로 고생하고 있다면 오렌지 비누를 만들어보세요. 가려움을 진정시켜주는 달맞이꽃 종자 오일과 비타민 C가 풍부한 파프리카 분말, 올레산이 풍부한 동백 오일이 만나 예민한 피부를 빠르게 진정시키고 촉촉하게 가꿔줘요.

Skin type

- 건성 ☑
- 지성 ☐
- 복합성 ☐
- 민감성 ☑
- 여드름 ☐
- 노화 ☑
- 아토피 ☑
- 아기용 ☑

재료

베이스 오일

코코넛 오일 150g
팜 오일 100g
올리브오일 300g
동백 오일 150g
달맞이꽃 종자 오일 50g

가성소다 수용액

가성소다 110g
정제수(30%) 225mL

에센셜 오일

스위트 오렌지 에센셜 오일 6mL
라벤더 에센셜 오일 10mL
시더우드 에센셜 오일 4mL

색 첨가물

파프리카 분말 7g
오트밀 분말 4g
티타늄디옥사이드(액상) 적당량

기타 첨가물

드라이 오렌지슬라이스 10개

··· 디자인 스케치

주황색 비누액 700mL
··· 비누액 700mL, 파프리카 분말 7g

흰색 비누액 300mL
··· 비누액 300mL, 오트밀 분말 4g, 티타늄디옥사이드(액상) 적당량

드라이 오렌지슬라이스 10개

비누액 만들기

1 비커에 코코넛 오일, 팜 오일, 올리브오일, 동백 오일을 넣고 중탕해 녹인다.

2 가성소다와 정제수를 섞어 가성소다 수용액을 만든다.

3 녹인 베이스 오일과 가성소다 수용액의 온도를 40~45℃로 맞춘 뒤 섞는다.

4 실리콘 주걱과 블렌더를 번갈아 사용해 트레이스를 낸다.

색 내서 몰드에 붓기

5 트레이스가 완성되면 에센셜 오일을 넣어 섞는다.

6 디자인 스케치를 참고해 비누액을 2가지로 나눈 뒤 색 첨가물을 넣어 색을 낸다.

7 주황색 비누액에서 장식을 위한 비누액을 조금 남기고 나머지를 모두 몰드에 붓는다.

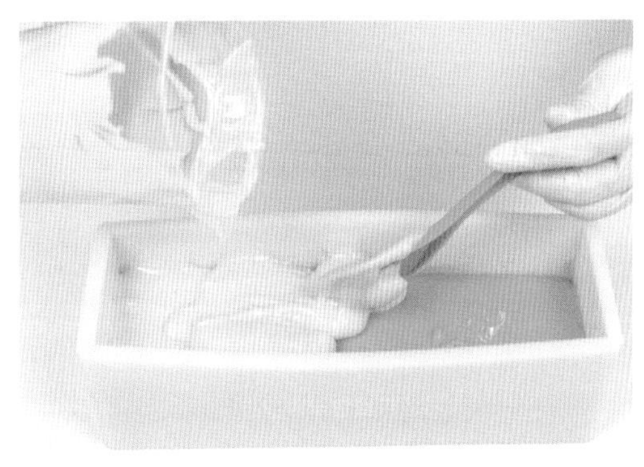

8 스푼으로 흰색 비누액을 떠서 주황색 비누액 위에 올린다.

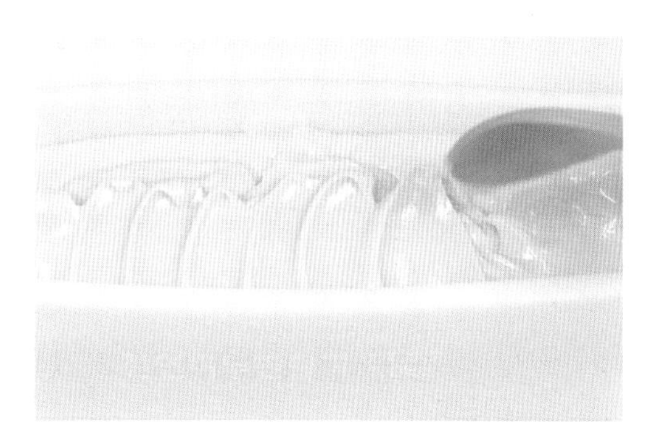

9 몰드를 바닥으로 가볍게 내리쳐 기포를 빼낸 뒤 스푼 뒷면으로 모양을 낸다.

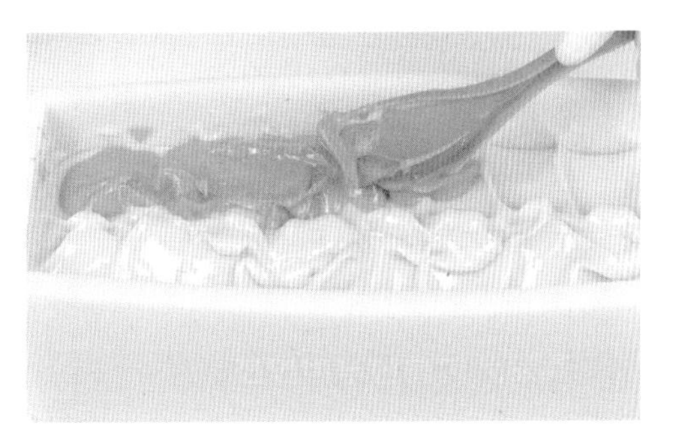

10 남겨둔 주황색 비누액을 올리고 스푼으로 모양을 낸다.

드라이 오렌지슬라이스 올리기

11 몰드에 2.5cm 정도로 간격을 표시한다.

12 간격 사이사이에 드라이 오렌지슬라이스를 꽂는다.

보온하기

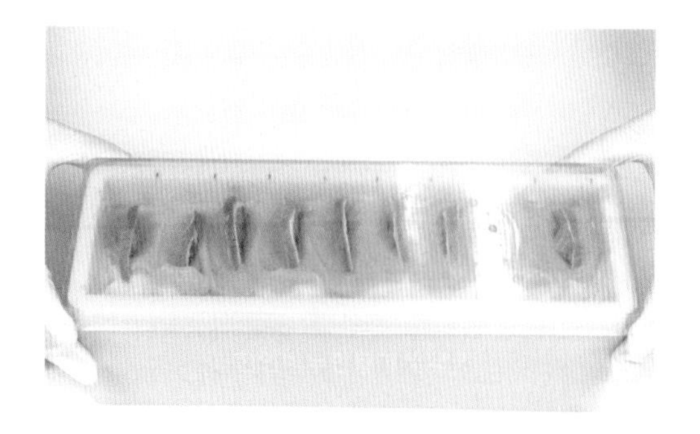

tip

말린 과일 슬라이스가 너무 크면 비누를 사용할 때 불편할 수 있어요. 적당한 크기로 자르거나 제거한 뒤 사용하세요.

13 몰드 뚜껑을 닫고 30℃에서 하루 정도 보온한다.

잘라 건조하기

14 비누를 자른 뒤 통풍이 잘 되는 곳에서 4~6주 정도 건조해 사용한다.

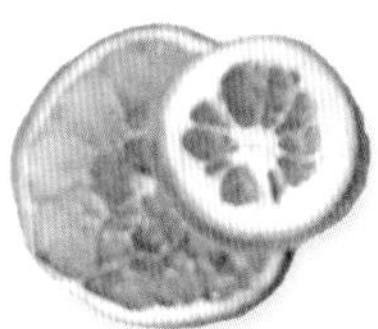

편백 비누

대나무통을 이용해 숙성시키는 독특한 천연비누예요. 숙성되는 동안 대나무 속 유황 성분이 비누에 우러나와 피부의 독소를 배출시켜줘요. 편백의 피톤치드가 아토피를 진정시키는 데도 도움을 준답니다. 쉽게 붉어지고 트러블이 잦은 피부에 그만이에요.

Skin type

- 건성 ☑
- 지성 ☐
- 복합성 ☐
- 민감성 ☑
- 여드름 ☐
- 노화 ☑
- 아토피 ☑
- 아기용 ☐

재료

베이스 오일

코코넛 오일 150g
팜 오일 150g
올리브오일 100g
아보카도 오일 300g
시어버터 50g

가성소다 수용액

가성소다(0%) 109g
편백 증류수(30%) 225mL

에센셜 오일

편백 에센셜 오일 10mL
파인 에센셜 오일 5mL

색 첨가물

편백 분말 15g

기타 첨가물

에탄올 적당량

··· 디자인 스케치

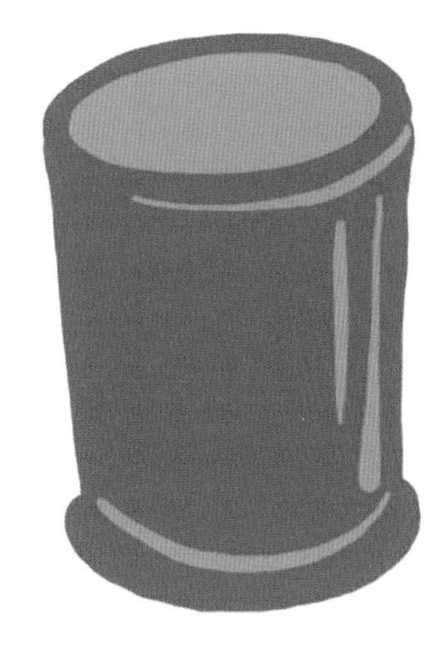

● 비누액 1000mL
··· 비누액 1000mL, 편백 분말 15g

비누액 만들기

1 비커에 베이스 오일을 넣고 중탕해 녹인다.

2 가성소다와 편백 증류수를 섞어 가성소다 수용액을 만든다.

3 베이스 오일과 가성소다 수용액의 온도를 40~45℃로 맞춘 뒤 섞는다.

4 실리콘 주걱과 블렌더를 번갈아 사용해 트레이스를 낸다.

첨가물 넣기

5 편백 분말을 오일에 갠 뒤 트레이스 낸 비누액에 넣어 골고루 섞는다.

6 비누액에 에센셜 오일을 넣어 잘 섞는다.

대나무통에 비누액 붓기

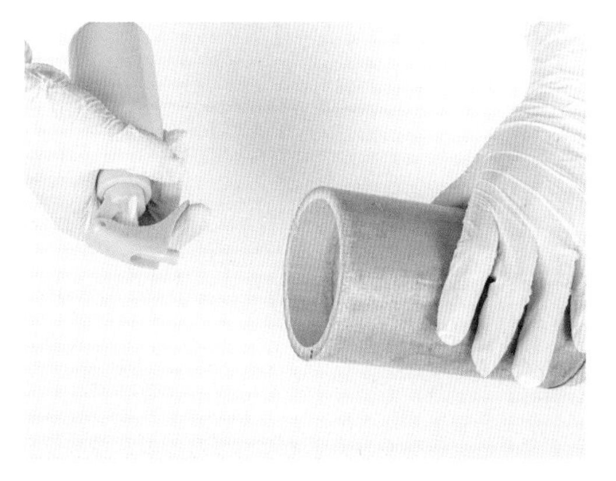

7 대나무통에 에탄올을 뿌려 소독한다.

8 소독한 대나무통에 비누액을 붓는다.

9 대나무통 위에 비닐을 덮어 밀봉한다.

보온하기

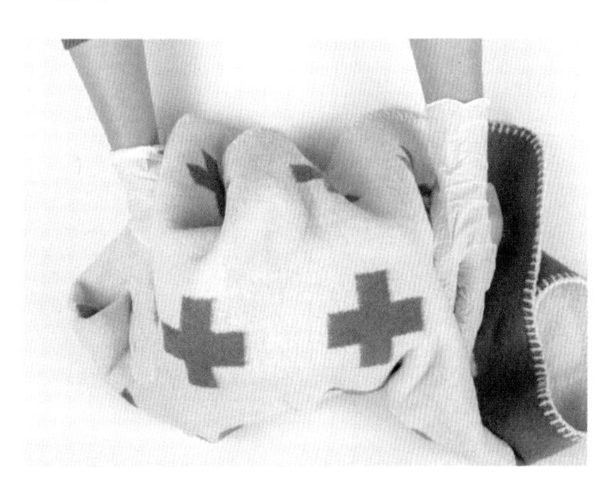

10 30℃의 온도에서 하루 정도 보온한다. 보온하기 p.38

한지 덮어 건조하기

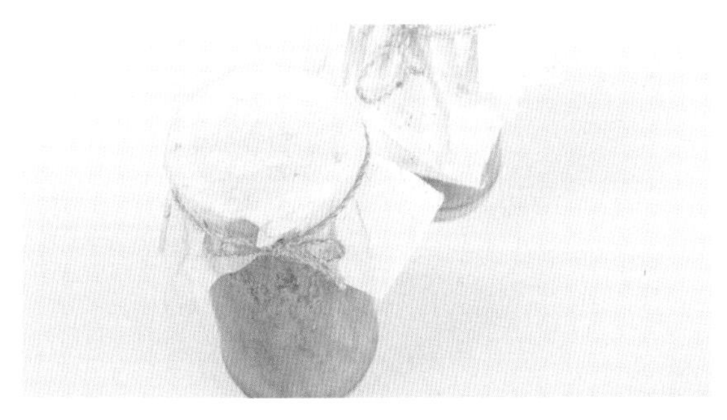

11 보온이 끝나면 비닐 대신 한지를 덮어 통풍이 잘 되는 곳에서 3~6개월 정도 건조해 사용한다.

tip

실리콘 몰드와 달리 대나무통을 이용한 비누는 비누액이 완전히 건조돼 대나무와 자연스럽게 분리될 때까지 기다려야 해요.

지성 피부용

녹차 비누

멜라닌 색소의 침착을 억제시켜주는 녹차씨 오일과 녹차 추출물을 넣어 트러블 진정과 피부톤 개선에 효과적인 비누를 만들어 보세요. 짤주머니를 이용하면 먹음직스런 녹차케이크 모양의 비누를 만들 수 있어요.

Skin type

- 건성 ☐
- 지성 ☑
- 복합성 ☑
- 민감성 ☐
- 여드름 ☑
- 노화 ☐
- 아토피 ☐
- 아기용 ☐

재료

베이스 오일

코코넛 오일 180g
팜 오일 170g
올리브오일 200g
녹차씨 오일 100g
헤이즐너트 오일100g

가성소다 수용액

가성소다(0%) 112g
정제수(32%) 240mL

에센셜 오일

티트리 에센셜 오일 10mL
버가못 에센셜 오일 6mL
시더우드 에센셜 오일 4mL

색 첨가물

녹차 분말 4g
그린 옥사이드 조금
어성초 분말 6g
티타늄디옥사이드(액상) 적당량

기타 첨가물

녹차 추출물 8g

··· 디자인 스케치

연갈색 비누액 600mL
··· 비누액 600mL, 어성초 분말 6g, 티타늄디옥사이드(액상) 적당량

녹색 비누액 400mL
··· 비누액 400mL, 녹차 분말 4g, 그린 옥사이드 조금

비누액 만들기

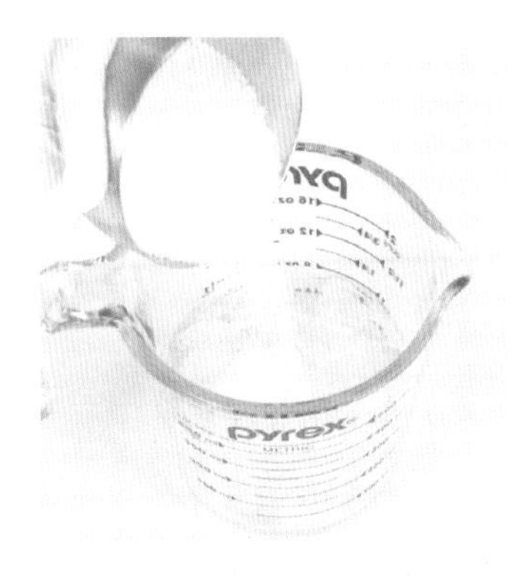

1 비커에 베이스 오일을 계량해 넣은 뒤 중탕해 녹인다.

2 가성소다와 정제수를 섞어 가성소다 수용액을 만든다.

3 베이스 오일과 가성소다 수용액의 온도를 40~45℃로 맞춘 뒤 섞는다.

4 실리콘 주걱과 블렌더를 번갈아 사용해 트레이스를 낸다.

5 트레이스가 완성되면 에센셜 오일과 녹차 추출물을 넣는다.

6 디자인 스케치를 참고해 비누액을 2가지로 나눈 뒤 색을 낸다.

tip

천연분말 중 가성소다와 만나 색이 변하는 것들이 있어요. 이럴 때는 같은 계열의 옥사이드를 조금 첨가하면 색감을 살릴 수 있어요.

7 연갈색 비누액 절반을 몰드에 붓는다.

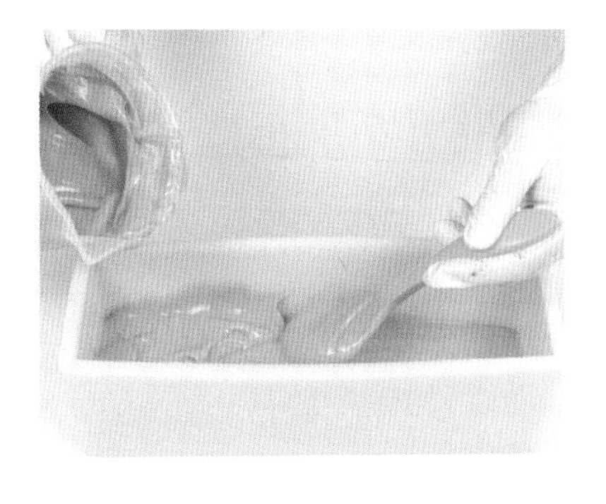

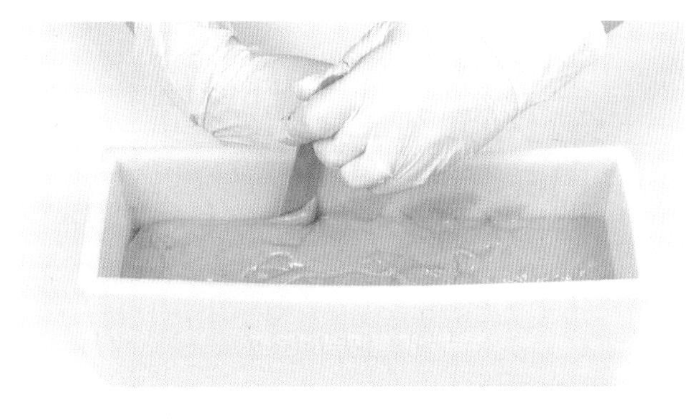

8 연갈색 비누액이 어느 정도 굳으면 스푼을 이용해 녹색 비누액 절반을 올린다.

9 납작한 막대를 몰드 바닥까지 깊숙이 넣고 바깥을 따라 움직이면서 비누 테두리를 정리한다.

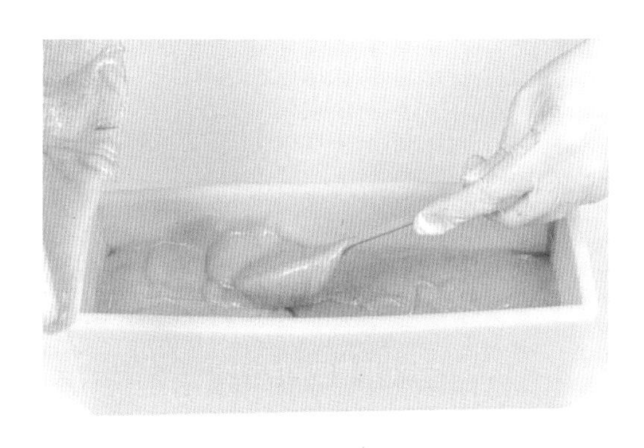

10 스푼을 이용해 남은 연갈색 비누액을 몰드에 담는다.

11 남은 녹색 비누액을 짤주머니에 옮겨 담고 모양을 내 올린다.

보온하기

12 뚜껑을 닫은 뒤 30℃의 온도에서 하루 정도 보온한다. 보온하기 p.38

잘라 건조하기

13 원하는 크기로 자른 뒤 통풍이 잘 되는 곳에서 4~6주 정도 건조해 사용한다.

민들레 비누

쉽게 달아오르고 붉어지는 얼굴이 고민이라면 민들레 비누를 써보세요. 민들레 속 풍부한 비타민 A와 C 성분이 안면홍조를 빠르게 잠재워준답니다. 여기에 소염효과가 뛰어난 식이유황을 더하면 트러블 진정은 물론 피부결까지 매끄럽게 가꿔줘요.

Skin type

- 건성 ☐
- 지성 ☑
- 복합성 ☑
- 민감성 ☑
- 여드름 ☑
- 노화 ☐
- 아토피 ☐
- 아기용 ☐

재료

베이스 오일

코코넛 오일 200g
팜 오일 200g
올리브오일 200g
해바라기씨 오일 100g
미강 오일 50g

가성소다 수용액

가성소다(0%) 112g
정제수(32%) 240mL
식이유황 8g

에센셜 오일

레몬 에센셜 오일 6mL
스피어민트 에센셜 오일 10mL
파출리 에센셜 오일 4mL

색 첨가물

민들레 분말 10g
티타늄디옥사이드(액상) 적당량

··· 디자인 스케치

흰색 비누액 330mL
··· 비누액 330mL, 민들레 분말 1g, 티타늄디옥사이드(액상) 적당량

● 연갈색 비누액 330mL
··· 비누액 330mL, 민들레 분말 2g, 티타늄디옥사이드(액상) 적당량

● 갈색 비누액 330mL
··· 비누액 330mL, 민들레 분말 7g, 티타늄디옥사이드(액상) 적당량

1 비커에 베이스 오일을 계량해 넣은 뒤 중탕해 녹인다.

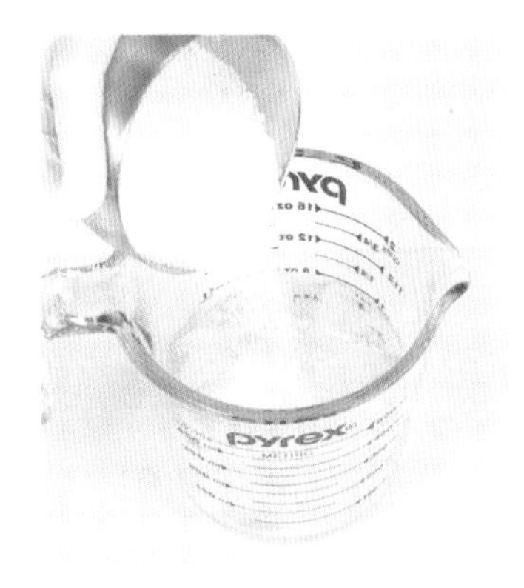

2 가성소다와 정제수를 섞어 가성소다 수용액을 만든다.

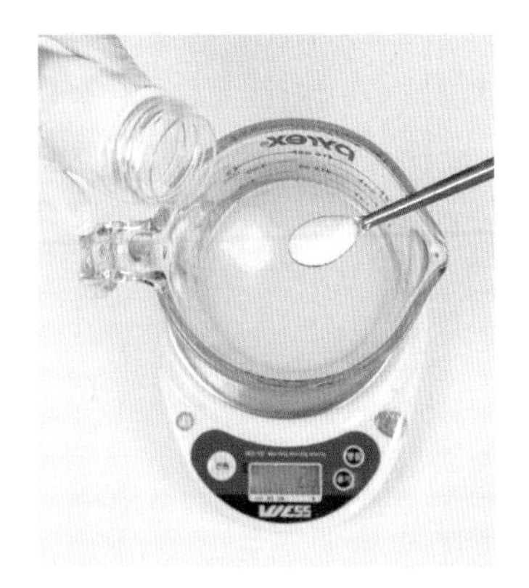

3 가성소다 수용액에 식이유황을 넣은 뒤 충분히 저어 녹인다.

4 베이스 오일과 가성소다 수용액의 온도를 40~45℃로 맞춘 뒤 섞는다.

5 실리콘 주걱과 블렌더를 번갈아 사용하며 묽게 트레이스를 낸다.

6 완성된 비누액에 에센셜 오일을 넣어 섞는다.

7 디자인 스케치를 참고해 민들레 분말을 나눈 다음 오일에 갠다.

8 비누액을 3가지로 나눈 뒤 민들레 분말과 티타늄디옥사이드를 넣어 골고루 섞는다.

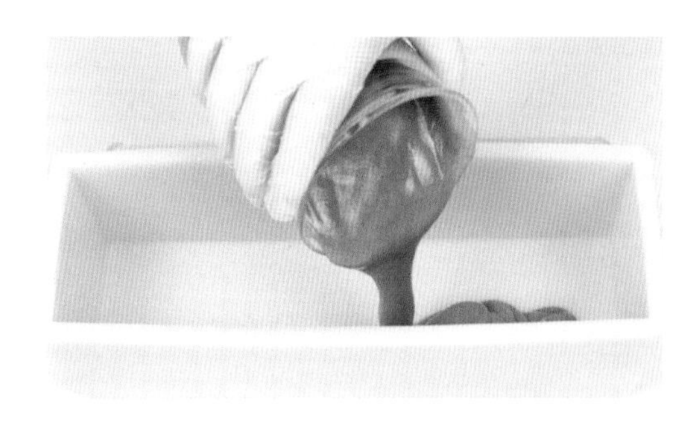

9 뚜껑을 이용해 몰드를 살짝 기울인 뒤 갈색 비누액을 붓는다.

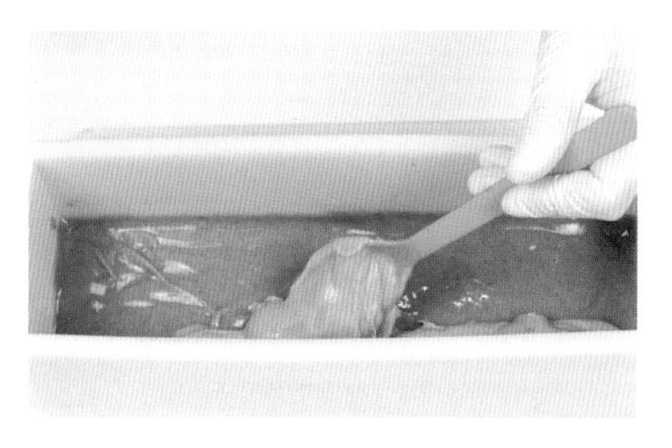

10 스푼을 이용해 연갈색 비누액을 조심스럽게 올린다.

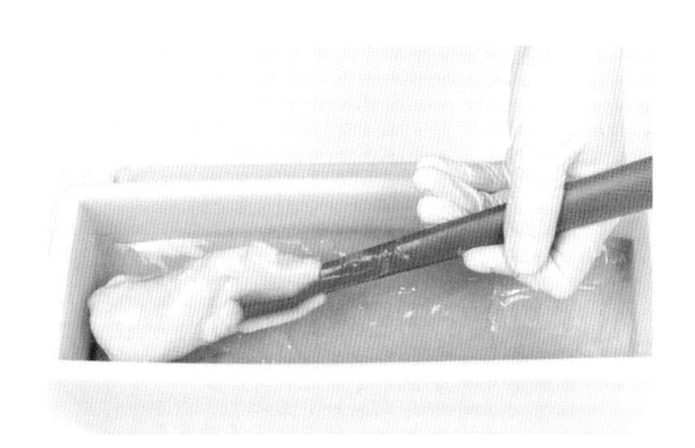

11 마지막으로 흰 비누액을 담는다.

보온하기

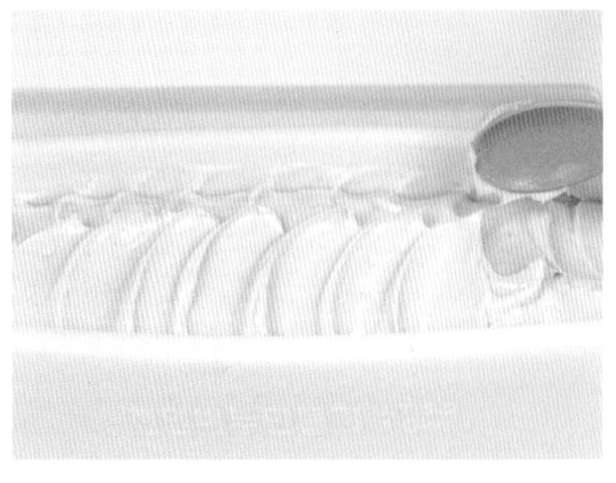

12 스푼 뒷면을 이용해 비누액을 가운데로 모아 올려 모양을 낸다.

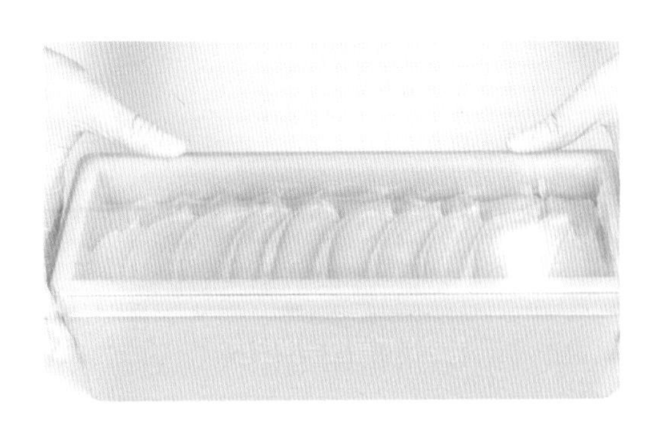

13 몰드 뚜껑을 닫은 뒤 30℃의 온도에서 하루 정도 보온한다.

잘라 건조하기

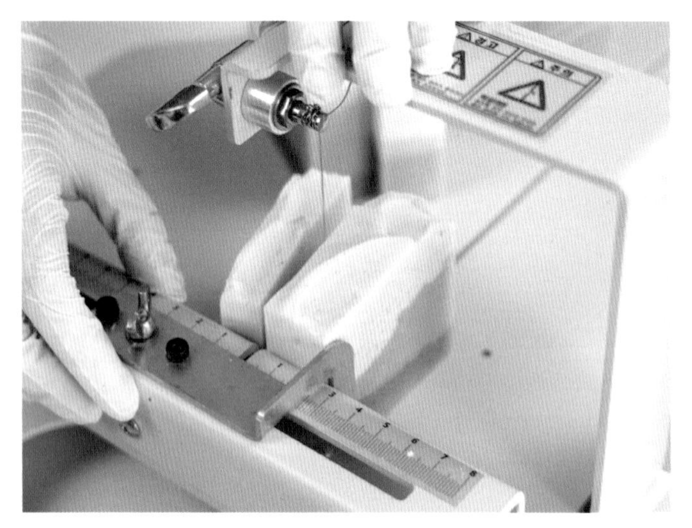

14 원하는 크기로 자른 뒤 통풍이 잘 되는 곳에서 4~6주 정도 건조해 사용한다.

tip

미강 오일은 비누화 속도가 빠른 오일이에요. 최대한 묽게 트레이스 내야 작업이 끝날 때까지 비누액이 굳지 않아요.

코코넛 테라조 비누

남은 비누들을 모아 아기자기한 디자인의 비누를 만들어보세요. 엑스트라 버진 코코넛 오일로 유분기를 말끔하게 제거해주는 베이스 비누를 만들고, 여러 가지 색의 자투리 비누로 포인트를 주면 모양도 예쁘고 효능도 좋은 지성 피부용 비누가 완성돼요.

Skin type

- 건성 ☐
- 지성 ☑
- 복합성 ☑
- 민감성 ☐
- 여드름 ☑
- 노화 ☐
- 아토피 ☐
- 아기용 ☐

재료

베이스 오일

엑스트라 버진 코코넛 오일 500g

가성소다 수용액

코코넛 밀크(35%) 85mL

정제수 90mL

가성소다(-10%) 85g

에센셜 오일

레몬 에센셜 오일 6mL

티트리 에센셜 오일 10mL

파촐리 에센셜 오일 4mL

색 첨가물

티타늄디옥사이드(액상) 적당량

기타 첨가물

쓰고 남은 비누조각 50~100g

··· 디자인 스케치

흰색 비누액 750mL

··· 비누액 750mL, 티타늄디옥사이드(액상) 적당량

쓰고 남은 비누조각 50~100g

비누조각 자르기

1 쓰고 남은 비누조각을 원하는 크기로 잘라 준비한다.

비누액 만들기

2 비커에 코코넛 오일을 담고 중탕해 녹인다.

3 녹인 코코넛 오일에 코코넛 밀크를 넣고 블렌더로 골고루 섞는다

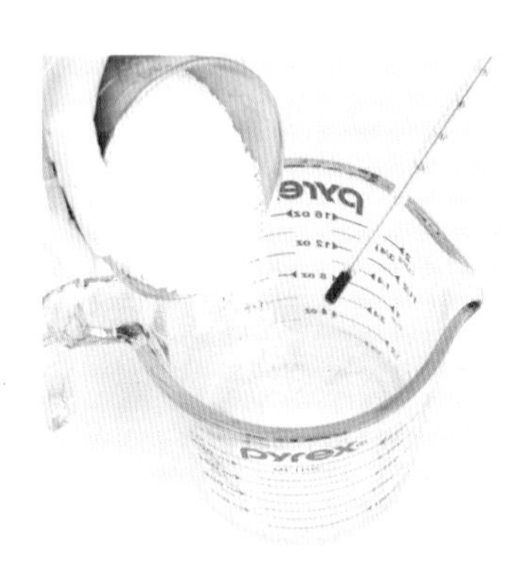

4 비커에 정제수를 담고 가성소다를 넣어 골고루 섞는다.

5 ③의 베이스 오일과 가성소다 수용액의 온도를 35℃로 맞춘 뒤 섞는다.

6 실리콘 주걱과 블렌더를 이용해 트레이스를 낸다.

첨가물 넣기

7 트레이스 낸 비누액에 티타늄디옥사이드를 넣어 색을 낸다.

8 비누액에 에센셜 오일을 넣어 섞는다.

비누조각 넣어 몰드에 붓기

9 잘라놓은 비누조각을 넣고 골고루 섞는다.

10 완성된 비누액을 몰드에 붓는다.

보온하기

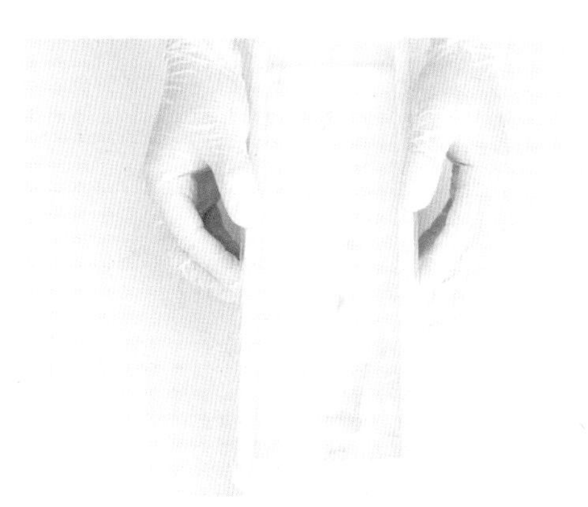

11 몰드 뚜껑을 닫은 뒤 30℃의 온도에서 하루 정도 보온한다. 보온하기 p.33

잘라 건조하기

12 원하는 크기로 자른 뒤 통풍이 잘 되는 곳에서 4~6주 정도 건조해 사용한다.

tip

코코넛 오일은 비누를 단단하게 만드는 특징이 있어요. 코코넛 오일 한 가지로 비누를 만들 때는 가성소다 양을 줄여 비누가 너무 딱딱해지지 않도록 하세요.

블랙체크 숯 비누

강력한 흡착력으로 피지와 노폐물을 제거하는 숯에 항염 · 살균 작용에 뛰어난 에센셜 오일을 더해 지성 피부용 비누를 만들어보세요. 모공 속을 깨끗하게 해주고 수렴작용까지 뛰어나요. 화이트헤드나 블랙헤드로 고민이라면 꼭 써보세요.

Skin type

- 건성 ☐
- 지성 ☑
- 복합성 ☑
- 민감성 ☐
- 여드름 ☑
- 노화 ☐
- 아토피 ☐
- 아기용 ☐

재료

베이스 오일

코코넛 오일 200g
팜 오일 200g
올리브오일 200g
헤이즐너트 오일 100g
포도씨 오일 50g

가성소다 수용액

가성소다(0%) 112g
정제수(32%) 240mL

에센셜 오일

티트리 에센셜 오일 5mL
페퍼민트 에센셜 오일 10mL
유칼립투스 에센셜 오일 5mL

색 첨가물

숯가루 9g
티타늄디옥사이드(액상) 적당량

··· 디자인 스케치

- 연회색 비누액 250mL
  ··· 비누액 250mL, 숯가루 0.5g, 티타늄디옥사이드(액상) 적당량
- 회색 비누액 250mL
  ··· 비누액 250mL, 숯가루 1g, 티타늄디옥사이드(액상) 적당량
- 진회색 비누액 250mL
  ··· 비누액 250mL, 숯가루 2.5g
- 검은색 비누액 250mL
  ··· 비누액 250mL, 숯가루 5g

비누액 만들기

1 비커에 베이스 오일을 넣고 중탕해 녹인다.

2 가성소다와 정제수를 섞어 가성소다 수용액을 만든다.

3 베이스 오일과 가성소다 수용액의 온도를 40~45℃로 맞춘 뒤 섞는다.

4 실리콘 주걱과 블렌더를 이용해 트레이스를 낸다.

5 트레이스 낸 비누액에 에센셜 오일을 넣어 섞는다.

첨가물 넣어 모양 내기

6 디자인 스케치를 참고해 비누액을 4등분한 다음 색 첨가물을 넣어 색을 낸다.

7 몰드 양쪽에서 검은색 비누액과 회색 비누액을 동시에 붓는다.

tip

두 가지 비누액을 동시에 일정하게 부어야 반듯한 체크 모양을 낼 수 있어요. 비커를 몰드 위에 올리고 양옆으로 천천히 움직이세요.

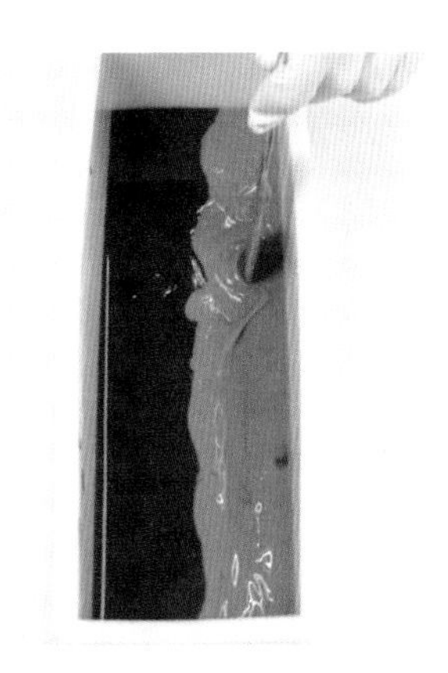

8 납작한 막대를 이용해 비누액의 표면을 정리한다.

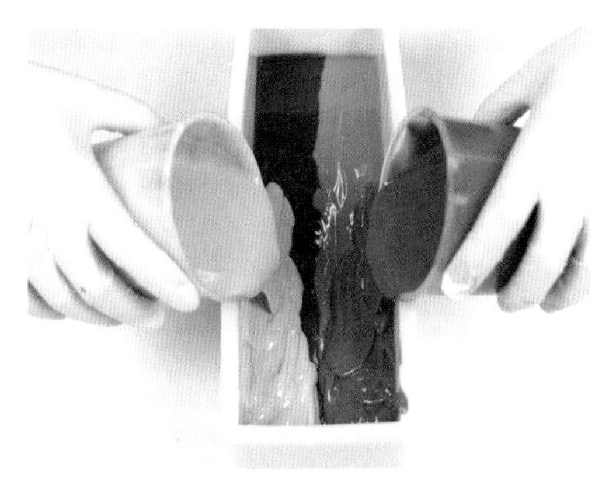

9 연회색 비누액과 진회색 비누액을 동시에 붓는다.

10 납작한 막대로 표면과 테두리를 매끄럽게 정리한다.

보온하기

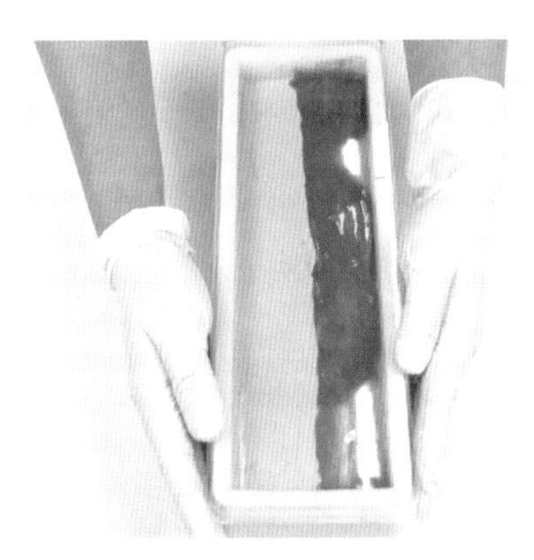

11 몰드 뚜껑을 닫은 뒤 30℃의 온도에서 하루 정도 보온한다. 보온하기 p.36

잘라 건조하기

12 원하는 크기로 자른 뒤 통풍이 잘 되는 곳에서 4~6주 정도 건조해 사용한다.

고래 비누

스탬프로 고래 모양을 표현한 비누예요. 단순한 디자인도 여러 가지 스탬프를 활용하면 다양하게 표현할 수 있어요. 동물 모양, 꽃 모양, 물고기 모양 등 비누의 색깔과 특징에 따라 자유롭게 표현해보세요.

Skin type

건성	☐
지성	☑
복합성	☑
민감성	☑
여드름	☐
노화	☐
아토피	☑
아기용	☐

재료

베이스 오일
코코넛 오일 170g
팜 오일 180g
올리브오일 200g
동백 오일 70g
아보카도 오일 80g
시어버터 50g

가성소다 수용액
가성소다(0%) 112g
정제수(32%) 240mL

에센셜 오일
스위트 오렌지 에센셜 오일 6mL
스피어민트 에센셜 오일 10mL
시더우드 에센셜 오일 4mL

색 첨가물
청대 분말 5g
숯가루 1g
티타늄디옥사이드(액상) 적당량

··· 디자인 스케치

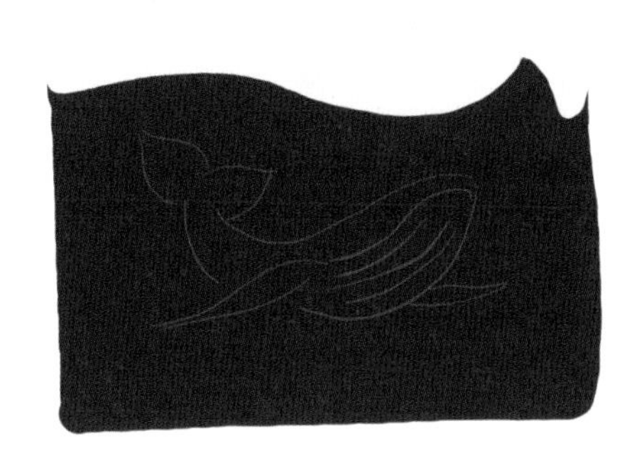

흰 비누액 350mL
··· 비누액 350mL, 티타늄디옥사이드(액상) 적당량

● 남색 비누액 650mL
··· 비누액 650mL, 청대 분말 5g, 숯가루 1g

비누액 만들기

1 비커에 베이스 오일을 넣고 중탕해 녹인다.

2 가성소다와 정제수를 섞어 가성소다 수용액을 만든다.

3 베이스 오일과 가성소다 수용액의 온도를 40~45℃로 맞춘 뒤 섞는다.

4 실리콘 주걱과 블렌더를 이용해 트레이스를 낸다.

5 완성된 비누액에 에센셜 오일을 넣어 섞는다.

색 내서 몰드에 붓기

6 디자인 스케치를 참고해 비누액을 2가지로 나눈 뒤 색 첨가물을 넣어 색을 낸다.

7 남색 비누액을 몰드에 붓는다.

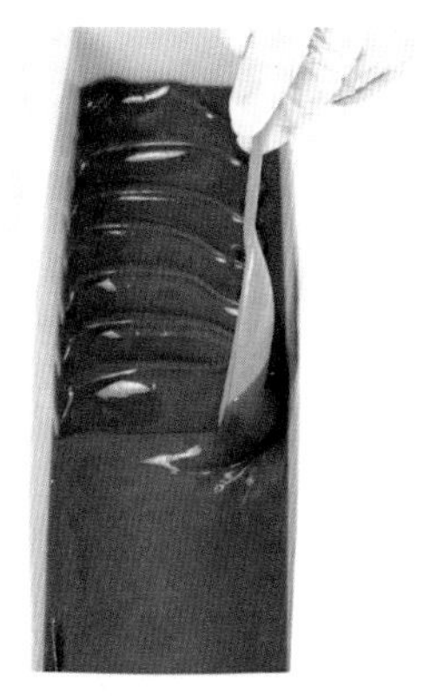

8 스푼 뒷면을 이용해 비누액 윗면에 파도 곡선을 표현한다.

9 흰색 비누액이 남색 비누액과 섞이지 않도록 조심스럽게 붓는다.

10 스푼 뒷면을 이용해 비누액 윗면을 떠올려 파도 거품을 표현한다.

보온하기

11 몰드 뚜껑을 닫은 뒤 30℃의 온도에서 하루 정도 보온한다.

잘라 건조하기

12 원하는 크기로 자른 뒤 통풍이 잘 되는 곳에서 4~6주 정도 건조해 사용한다.

tip

스탬프를 찍을 때는 비누를 자른 뒤 2~4일 정도 지나서 찍어야 모양이 깔끔하고 선명하게 나와요.

오운진액 삼푸바

당귀, 감초, 천궁 등을 달여서 만들어 두피 진정에 좋은 오운진액과 아미노산이 풍부한 실크볼을 넣어 홈메이드 샴푸바를 만들어보세요. 손상된 모발을 회복시켜 윤기 나는 머릿결을 만들어줄 뿐만 아니라 두피를 건강하게 해 탈모를 예방해준답니다.

Skin type

- 건성 ☐
- 지성 ☐
- 복합성 ☑
- 민감성 ☑
- 여드름 ☐
- 노화 ☐
- 탈모예방 ☑
- 두피건강 ☑

재료

베이스 오일

코코넛 오일 200g
팜 오일 150g
올리브오일 100g
동백 오일 100g
아보카도 오일 100g
피마자 오일 50g
월계수 오일 50g

기타 첨가물

오운진액 10mL
네틀 추출물 6g
실크볼 15g

가성소다 수용액

가성소다(0%) 113g
편백 증류수(32%) 240mL

··· 디자인 스케치

오운진액 준비하기

비누액 만들기

1 오운진액과 네틀 추출물을 섞는다.

2 비커에 베이스 오일을 넣고 중탕해 녹인다.

3 가성소다와 정제수를 섞어 가성소다 수용액을 만든다.

4 수용액 온도가 60~70℃ 일 때 실크볼을 넣어 녹인다.

5 베이스 오일과 가성소다 수용액의 온도를 40~45℃로 맞춘 뒤 섞는다.

6 실리콘 주걱과 블렌더를 이용해 트레이스를 낸다.

첨가물 넣어 모양 내기

7 트레이스 낸 비누액에 ①의 첨가물을 섞는다.

tip

가성소다 수용액에 실크볼을 녹일 때 실타래 같은 침전물이 생길 수 있어요. 충분히 저어 녹인 뒤 거름망에 걸러 사용하세요.

8 비누액에 에센셜 오일을 넣어 섞는다.

9 완성된 비누액을 몰드에 붓는다.

10 티스푼 뒷면으로 비누액의 가운데를 떠 올려 모양을 낸다.

보온하기

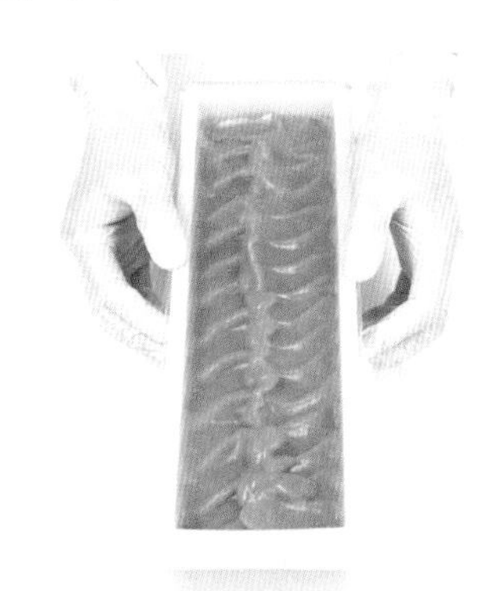

11 몰드 뚜껑을 닫은 뒤 30℃의 온도에서 하루 정도 보온한다.

잘라 건조하기

12 원하는 크기로 자른 뒤 통풍이 잘 되는 곳에서 4~6주 정도 건조해 사용한다.

설거지 비누

기름때를 제거하는 데 효과적인 라드 오일로 핸드메이드 주방용 비누를 만들어보세요. 합성세제 못지 않게 세정력도 좋고 거품도 풍성해요. 베이킹소다와 전분, 계핏가루를 첨가하면 살균 효과도 좋아집니다.

재료

베이스 오일
코코넛 오일 200g
팜 오일 300g
라드 오일 200g
피마자 오일 50g

가성소다 수용액
가성소다(0%) 114g
정제수(33%) 247mL

에센셜 오일
레몬 에센셜 오일 10mL

색 첨가물
호박 분말 3g
티타늄디옥사이드(액상) 적당량

기타 첨가물
베이킹소다 10g
옥수수전분 10g
계핏가루 10g

··· 디자인 스케치

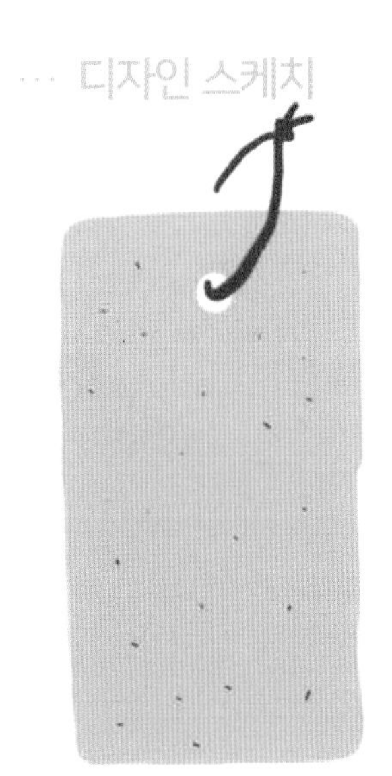

노란색 비누액 300mL
··· 비누액 300mL, 호박 분말 3g

흰색 비누액 700mL
··· 비누액 700mL, 티타늄디옥사이드(액상) 적당량

계핏가루 개어두기

비누액 만들기

1 계핏가루를 오일에 개어둔다.

2 비커에 베이스 오일을 넣고 중탕해 녹인다.

3 가성소다와 정제수를 섞어 가성소다 수용액을 만든다.

4 베이스 오일에 베이킹소다와 옥수수전분을 넣어 섞는다.

5 베이스 오일과 가성소다 수용액의 온도를 40~45℃로 맞춘 뒤 섞는다.

6 실리콘 주걱과 블렌더를 이용해 트레이스를 낸다.

7 트레이스 낸 비누액에 ①의 계피 첨가물을 넣어 섞는다.

> **tip**
>
> 계핏가루 대신 커피가루 또는 커피찌꺼기를 사용해도 좋아요.

8 레몬 에센셜 오일을 넣어 골고루 섞는다.

9 디자인 스케치를 참고해 비누액을 2가지로 나눈 뒤 300mL 비누액에 호박 분말을 넣어 색을 낸다.

10 나머지 700mL 비누액에 티타늄디옥사이드를 조금씩 넣어가며 원하는 색을 낸다.

몰드에 붓기

11 몰드에 4cm 간격으로 표시한다.

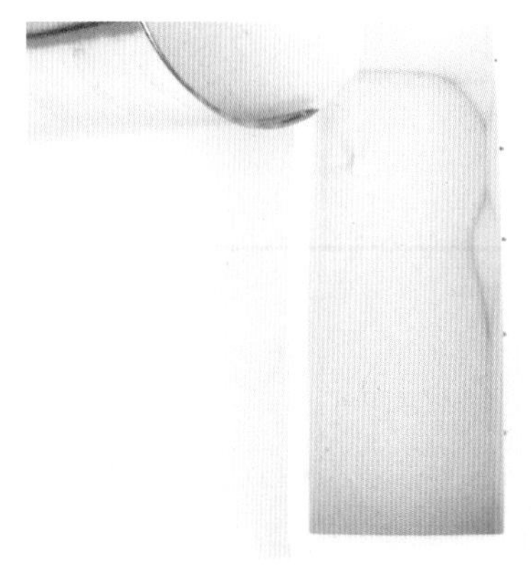

12 몰드에 흰색 비누액을 붓는다.

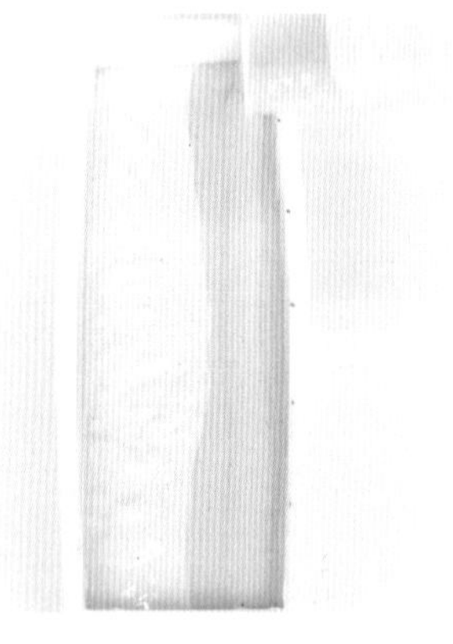

13 노란색 비누액을 몰드 한쪽 벽을 따라 붓는다.

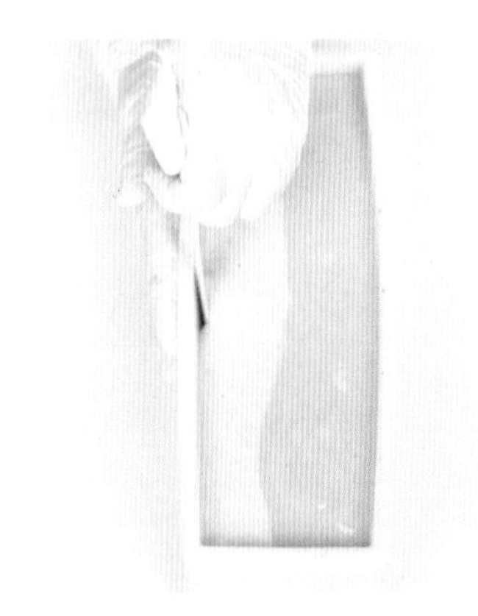

14 납작한 막대를 몰드 바닥까지 넣어 바깥을 따라 이동시키며 테두리를 정리한다.

빨대로 구멍 만들기

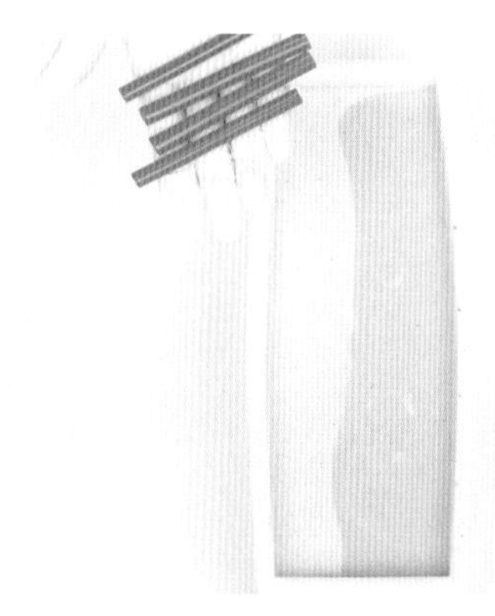

15 빨대를 몰드와 똑같은 높이로 잘라 준비한다.

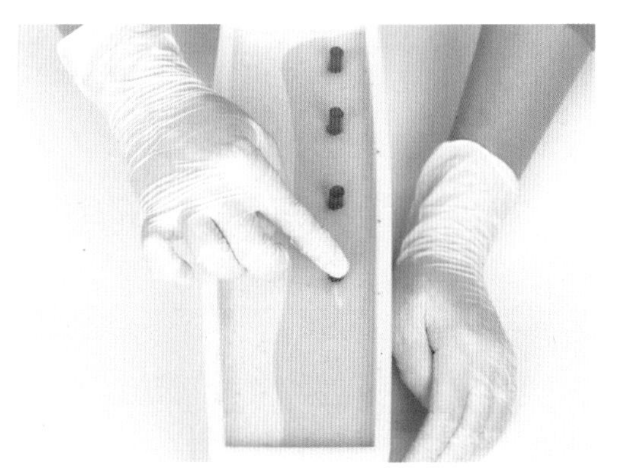

16 표시해 놓은 간격 중간에 빨대를 하나씩 꽂는다.

보온하기

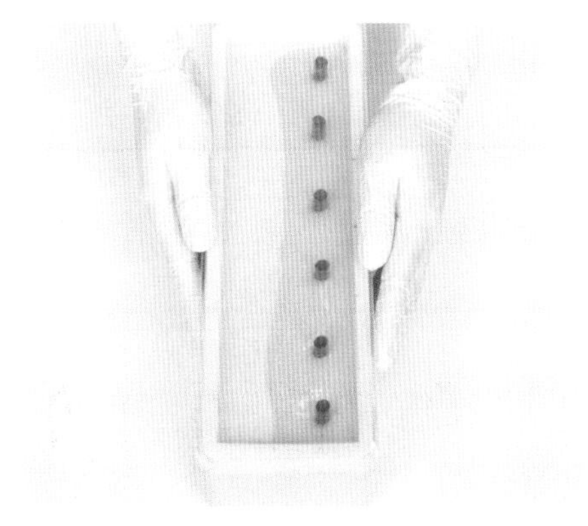

17 몰드 뚜껑을 닫은 뒤 30℃의 온도에서 하루 정도 보온한다. 보온하기 p.17

비누 고리 만들기

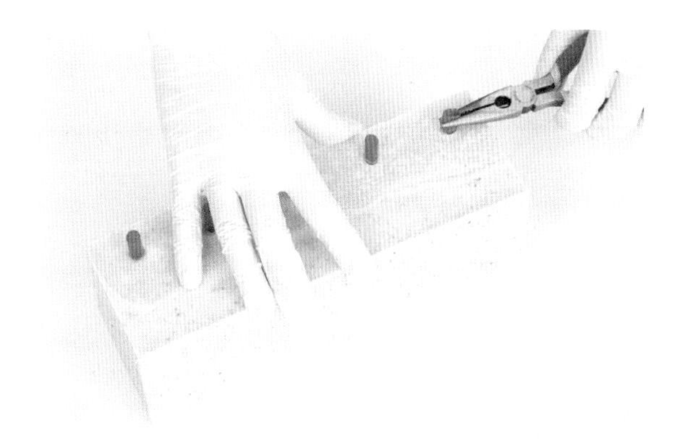

18 보온이 끝나면 빨대를 제거한다..

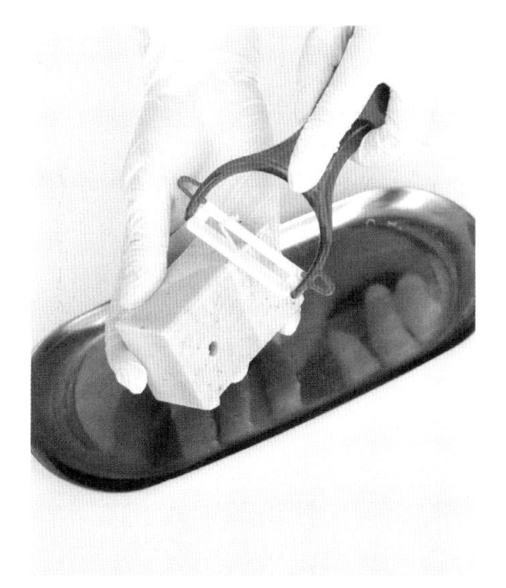

19 비누를 자른 뒤 필러를 이용해 모서리를 다듬는다.

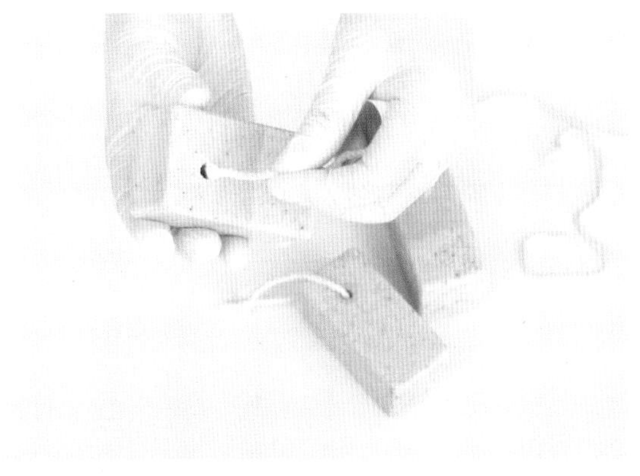

20 비누 구멍에 끈을 끼워 고리를 만든다.

건조하기

21 통풍이 잘 되는 곳에서 4~6주 정도 건조해 사용한다.

LAUNDRY
S O A P

세탁 비누

쓰고 남은 폐유나 저렴한 오일로 세탁용 비누를 만들어보세요. 만드는 법도 간단하고 처치 곤란인 기름을 재사용할 수 있어요. 색과 향이 단순한 만큼 다양한 모양의 몰드나 스탬프를 이용해 개성을 표현해보는 것도 좋아요.

재료

베이스 오일
코코넛 오일 300g
팜 오일 200g
소이빈 오일(콩기름) 200g
피마자 오일 50g

에센셜 오일
시나몬 에센셜 오일 10mL

색 첨가물
티타늄디옥사이드(액상) 적당량

기타 첨가물
베이킹소다 10g
옥수수전분 10g

가성소다 수용액
가성소다(0%) 118g
정제수(33%) 247mL

··· 디자인 스케치

비누액 750mL
··· 비누액 750mL, 티타늄디옥사이드(액상) 적당량

비누액 만들기

1 비커에 베이스 오일을 계량해 넣은 뒤 중탕해 녹인다.

2 가성소다와 정제수를 섞어 가성소다 수용액을 만든다.

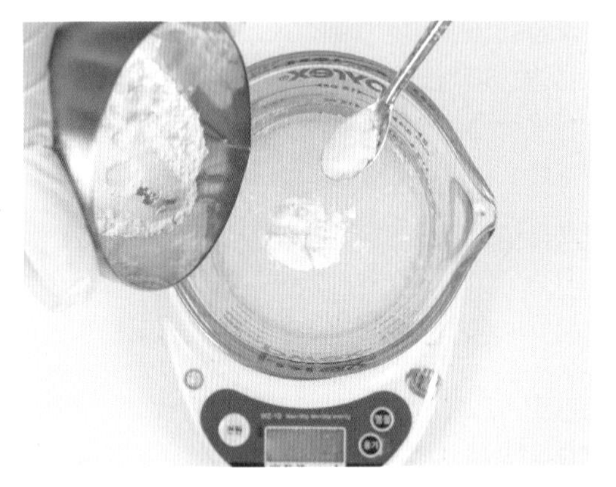

3 가성소다 수용액에 베이킹소다, 옥수수전분을 넣고 완전히 녹을 때까지 충분히 섞는다.

4 베이스 오일과 가성소다 수용액의 온도를 40~45℃로 맞춘 뒤 섞는다.

5 실리콘 주걱과 블렌더를 이용해 트레이스를 낸다.

tip

- 세탁 비누에 진한 색의 첨가물을 넣으면 세탁물에 물이 들 수 있어요.
- 코코넛 오일이나 팜 오일 등 세정력이 높은 오일은 비누화가 빨리 진행돼요. 복잡한 디자인으로 작업하다가는 비누가 굳을 수 있기 때문에 단순한 디자인으로 작업하는 것이 좋아요.

첨가물 넣어 몰드에 붓기

6 트레이스 낸 비누액에 티타늄디옥사이드를 넣어 색을 낸다.

7 시나몬 에센셜 오일을 넣어 섞는다.

8 몰드에 완성된 비누액을 붓는다.

보온하기

9 몰드 뚜껑을 닫은 뒤 30℃의 온도에서 하루 정도 보온한다. 보온하기 p.38

잘라 건조하기

10 원하는 크기로 자른 뒤 통풍이 잘 되는 곳에서 4~6주 정도 건조해 사용한다.

PART 3
드로잉 CP비누

나만의 감각으로 디자인한 천연비누예요. 쉽게 따라 할 수 있는 마블 기법부터 쓰고 남은 비누조각을 이용한 비누까지 다양한 디자인 표현 기법과 레시피를 소개합니다.

pH 1-11

사진으로 쉽게 배우는 드로잉 기법

베이직 CP 비누에서 기본적인 트레이스 방법과 마블 기법을 익혔다면 드로잉 CP 비누에서는 좀 더 응용해서 디자인하는 방법을 배워볼 거예요. 비누에 어떤 디자인을 할지 고른 뒤 어떤 기법을 응용해 표현할지 생각해보세요.

주요 드로잉 기법

2~4가지 색을 한 컵에 붓기

대리석 마블

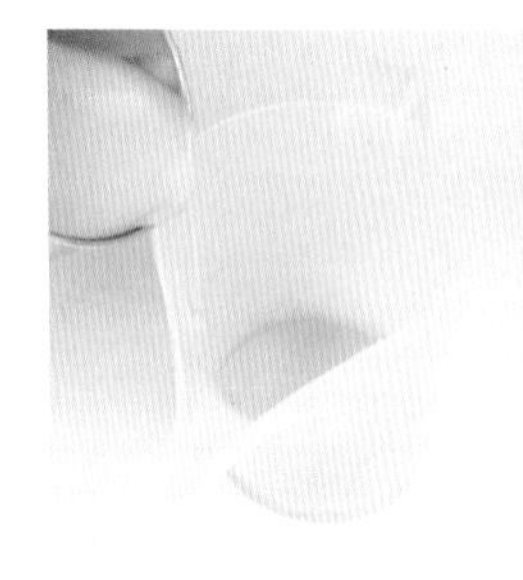
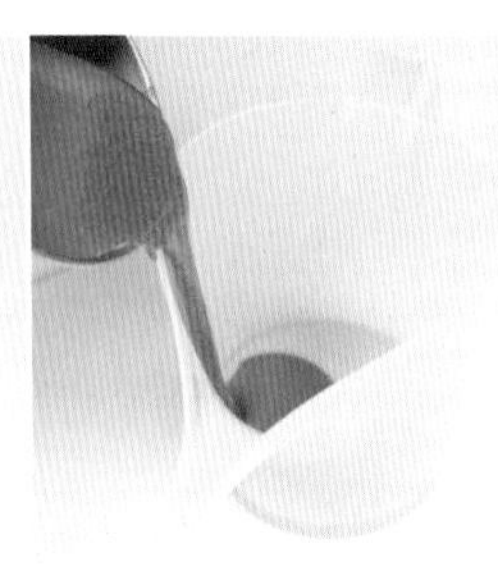

1 비커에 준비한 비누액 1/3을 붓는다.

2 비커 한쪽 면을 따라 다른 비누액 1/3을 붓는다.

3 또 다른 색도 같은 방법으로 붓고 ①~③을 반복해 비커를 채운다.

4 주걱을 받쳐놓고 주걱 위로 비누액을 부어서 몰드를 채운다.

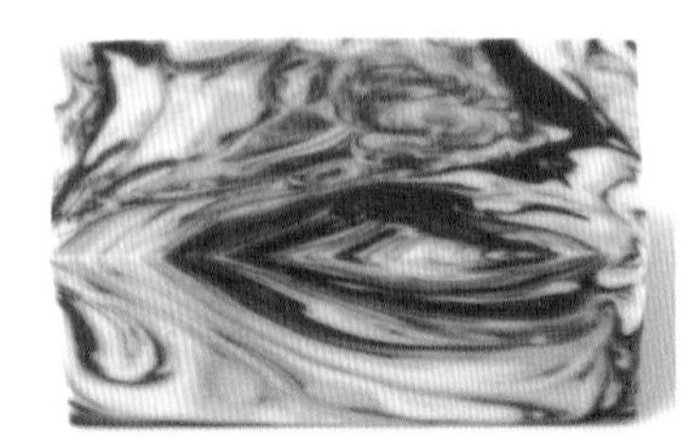

* 주걱을 사용해야 한 번 더 굴곡이 생겨 자연스러운 마블 효과를 낼 수 있다.

스트라이프 마블

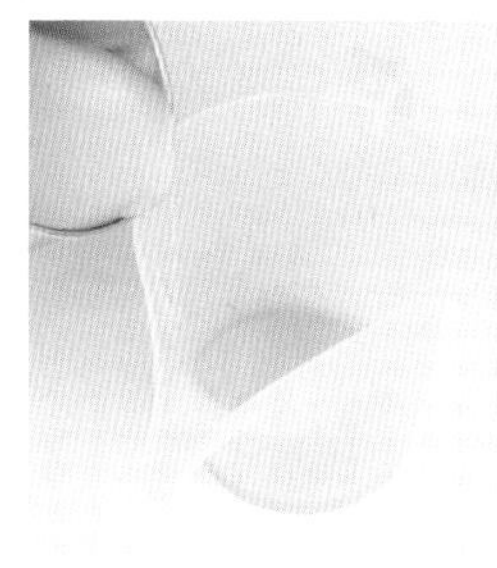

1 비커에 준비한 비누액 1/3을 붓는다.

2 비커 한쪽 면을 따라 다른 비누액 1/3을 붓는다.

3 또 다른 색도 같은 방법으로 붓고 ①~③을 반복해 비커를 채운다.

4 몰드 아래 뚜껑을 받쳐 기울인 뒤 비커를 양옆으로 움직이며 비누액을 붓는다.

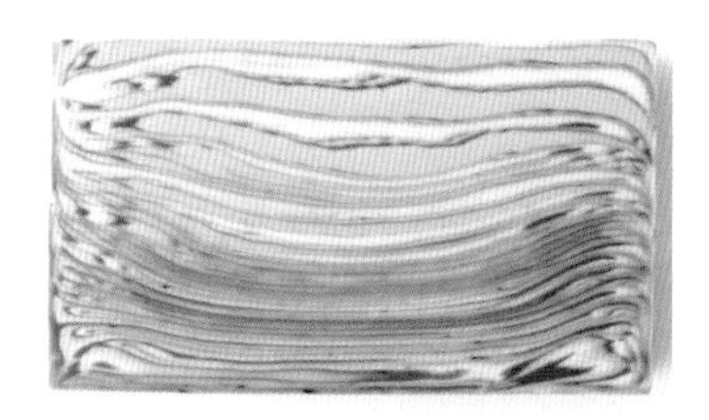

조개 마블

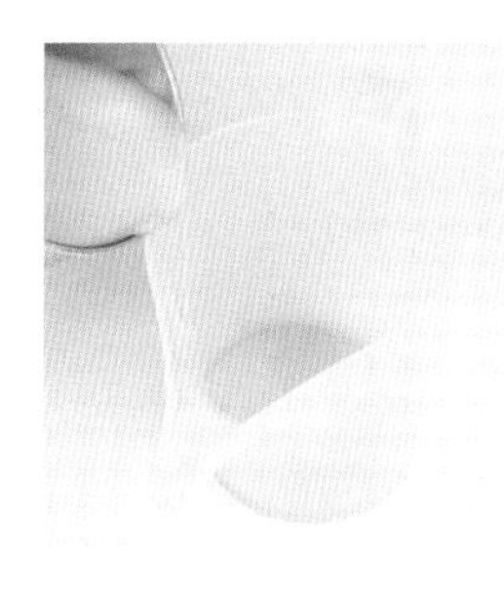

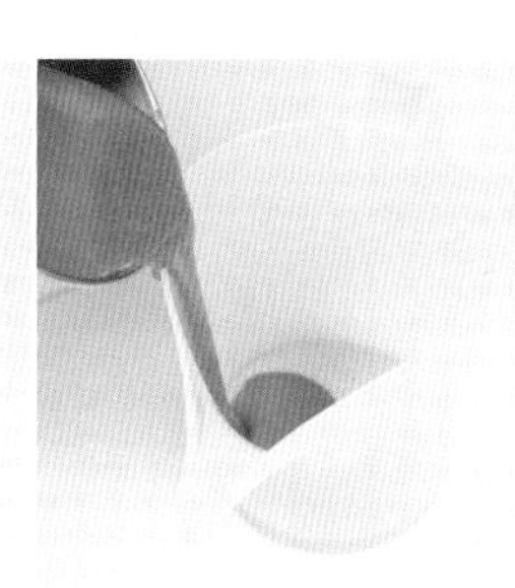

1 비커에 준비한 비누액 1/3을 붓는다.

2 비커 한쪽 면을 따라 다른 비누액 1/3을 붓는다.

3 또 다른 색도 같은 방법으로 붓고 ①~③을 반복해 비커를 채운다.

4 몰드 아래 뚜껑을 받쳐 기울인 뒤 작게 반원을 그리면서 비누액을 붓는다. 다양한 위치에서 비누액을 부어 주름의 결을 표현한다.

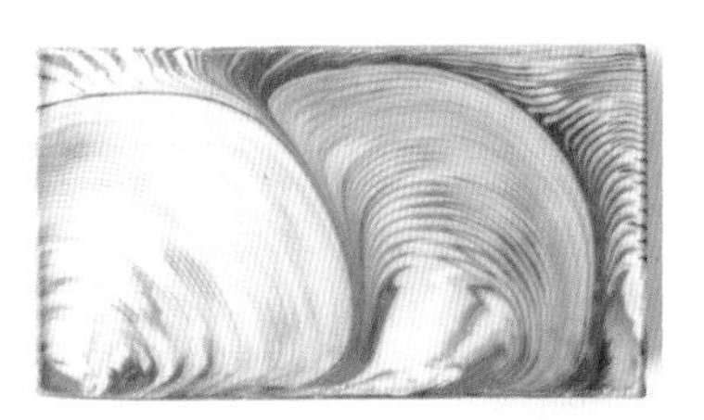

2~4가지 색을 따로 붓기

링 마블

1 몰드 한쪽 코너에 비커 끝을 대고 천천히 비누액을 붓는다.

2 나머지 비누액도 같은 방법으로 붓는다. 천천히 부어야 비누액이 섞이지 않는다.

3 ①~②를 반복해 몰드를 채운다.

* 한자리에서 색을 번갈아가며 부어야 비누액이 원형을 그리며 퍼진다.

멀티 마블

1 몰드 한쪽에 비누액을 붓는다.

2 ①에 겹치지 않도록 다른 비누액을 붓는다.

3 다른 색 비누액을 번갈아 가며 올려 몰드를 채운다.

4 막대를 이용해 회오리 모양을 그린다.

물결 마블

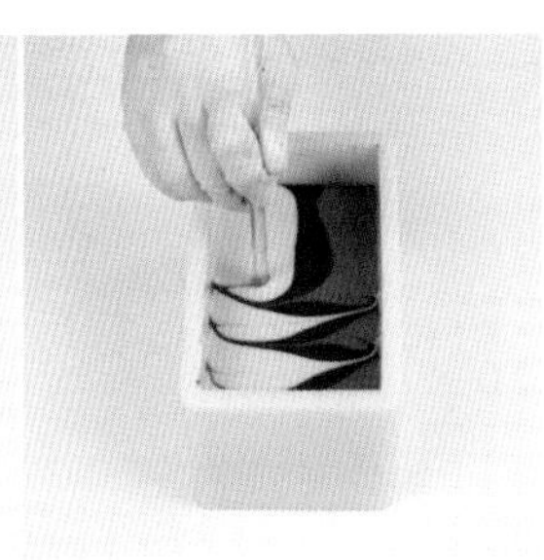

1 준비한 비누액을 양쪽에서 동시에 붓는다.

2 나머지 비누액을 몰드 한 쪽에 일자로 붓는다.

3 유리막대를 이용해 일정한 간격으로 'ㄹ'자를 그려 무늬를 만든다.

4 유리막대가 몰드 끝까지 내려가면 이번엔 세로로 가로지른다.

* 아크릴 칸막이를 이용해도 좋다.

드로잉 작업을 위한 트레이스 조절하기

묽은 트레이스 만들기

- 베이스 오일을 구성할 때 비누화가 느린 오일로 조합한다.
- 정제수 양을 1~2% 정도 늘려 작업한다.
- 포화지방산의 비율을 줄여 레시피를 구성한다.
- 블렌더를 최대한 적게 돌려 최소한의 트레이스만 낸다.
- 에센셜 오일이나 분말 섞은 오일 등 액체재료를 몰드에 담기 직전에 비누액과 섞어 트레이스를 묽게 만든다.

되직한 트레이스 만들기

- 포화지방산을 많이 배치해 레시피를 구성한다.
- 블렌더와 실리콘 주걱을 여러 번 반복해 사용해 트레이스를 낸다.
- 스티로폼이나 아이스박스에 비누액을 잠시 넣어두거나 상온에 두어 비누화시킨 뒤 작업한다.

튤립 비누

물결 마블 기법을 이용해 튤립처럼 예쁜 클렌징 비누를 만들어보세요. 스위트 아몬드 오일과 살구씨 오일을 함께 쓰면 세정력이 좋아지고 염증 완화 효과도 아주 뛰어나요. 사용감이 가볍고 촉촉해서 수분 부족형 지성 피부가 쓰기에도 좋아요.

Skin type

- 건성 ☐
- 지성 ☑
- 복합성 ☑
- 민감성 ☐
- 여드름 ☐
- 노화 ☐
- 아토피 ☐
- 아기용 ☐

재료

베이스 오일

코코넛 오일 170g
팜 오일 180g
올리브오일 150g
스위트 아몬드 오일 100g
살구씨 오일 70g
마카다미아너트 오일 80g

가성소다 수용액

가성소다(0%) 112g
정제수(32%) 240mL

에센셜 오일

페퍼민트 에센셜 오일 6mL
페티그레인 에센셜 오일 4mL
라벤더 에센셜 오일 10mL

색 첨가물

옐로 마이카 조금
그린 마이카 조금
핑크 마이카 조금

··· 디자인 스케치

노란색 비누액 250mL
··· 비누액 250mL, 옐로 마이카 조금

연분홍 비누액 250mL
··· 비누액 250mL, 핑크 마이카 조금

진분홍 비누액 250mL
··· 비누액 250mL, 핑크 마이카 조금

연두색 비누액 250mL
··· 비누액 250mL, 그린 마이카 조금

비누액 만들기

1 비커에 베이스 오일을 넣고 완전히 녹인다.

2 가성소다와 정제수를 섞어 가성소다 수용액을 만든다.

3 베이스 오일과 가성소다 수용액의 온도를 40~45℃로 맞춘 뒤 섞는다.

4 실리콘 주걱과 블렌더를 번갈아 사용해 트레이스를 낸다. 트레이스 확인 p.31

첨가물 넣어 모양 내기

5 트레이스가 완성되면 에센셜 오일을 넣어 섞는다.

6 디자인 스케치를 참고해 비누액을 4가지로 나눈 뒤 색 첨가물을 넣어 색을 낸다. 핑크 마이카는 양을 조절해 짙은 색과 연한 색 2가지로 준비한다.

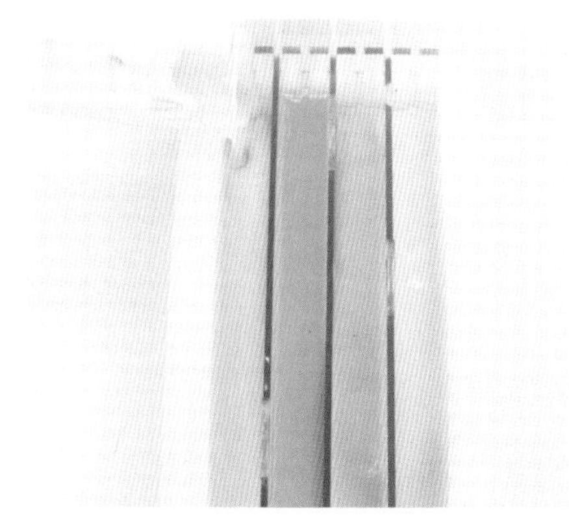

7 몰드에 아크릴 칸막이를 설치하고 비누액을 순서대로 붓는다.

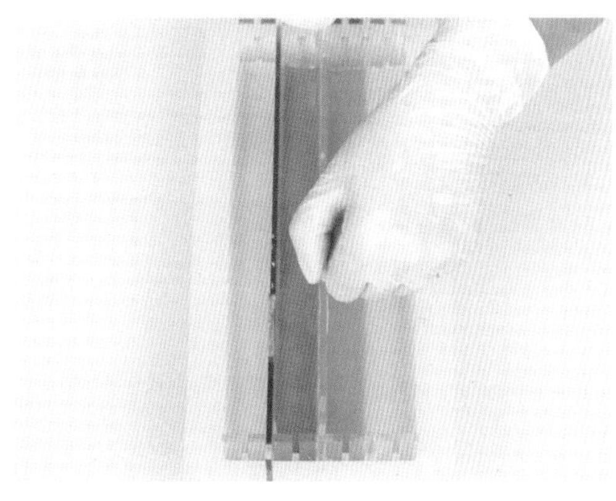

8 칸막이를 조심스럽게 제거한다.

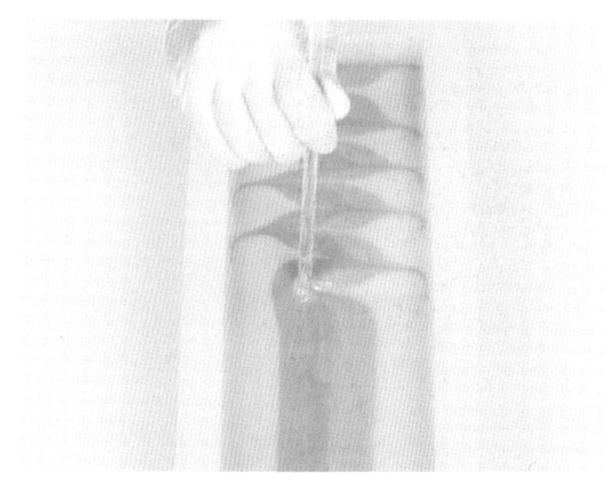

9 유리막대를 몰드 바닥까지 넣어 일정한 간격으로 'ㄹ'자를 그리며 이동한다.

> **tip**
>
> 유리막대를 몰드 바닥까지 닿게 깊숙이 넣은 다음 직각으로 세워서 움직여야 안쪽에도 동일하게 마블링이 생겨요. 처음부터 끝까지 일정한 간격과 각도를 유지하며 그리는 것이 중요해요.

보온하기

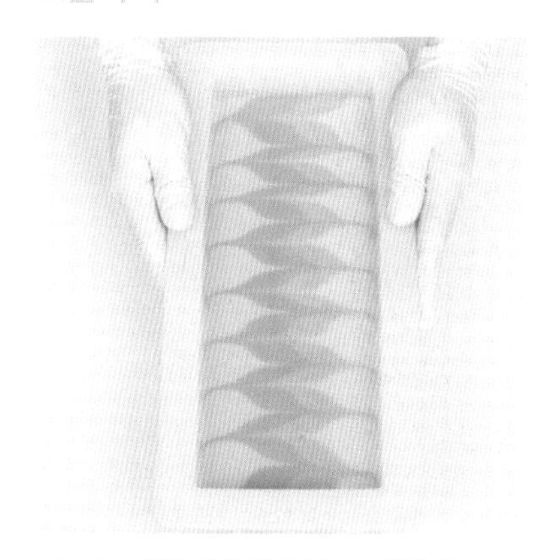

10 랩을 씌워 하루 정도 보온한다.

잘라 건조하기

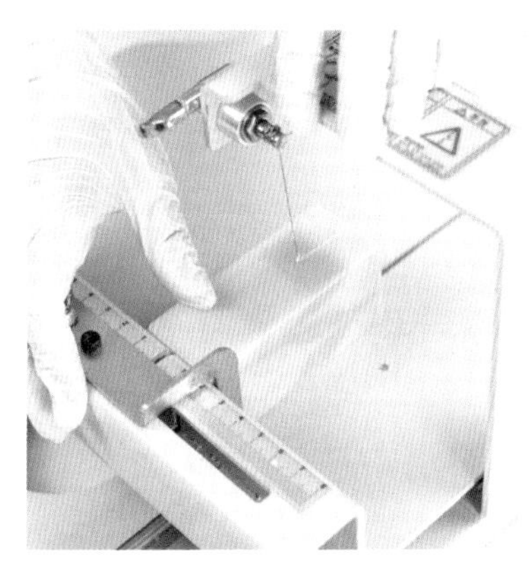

11 비누를 잘라 통풍이 잘 되는 곳에서 4~6주 정도 건조해 사용한다.

로터스 비누

유분기 제거에 좋은 지성 피부용 비누에 예쁜 연꽃을 담았어요. 이 레시피에서는 짤주머니를 이용해 비누액 양을 조절하고 여러 가지 무늬를 표현해보세요. 연잎이나 연꽃잎 등 원하는 모양을 만들 수 있어요.

Skin type

건성	☐
지성	☑
복합성	☑
민감성	☐
여드름	☑
노화	☑
아토피	☐
아기용	☐

재료

베이스 오일

코코넛 오일 150g

팜 오일 150g

올리브오일 300g

녹차씨 오일 100g

포도씨 오일 50g

가성소다 수용액

가성소다(0%) 109g

정제수(30%) 225mL

에센셜 오일

만다린 에센셜 오일 5mL

로즈제라늄 에센셜 오일 10mL

로즈우드 에센셜 오일 5mL

색 첨가물

그린 마이카 조금

옐로 마이카 조금

핑크 마이카 조금

블루 마이카 3g

티타늄디옥사이드(액상) 적당량

··· 디자인 스케치

연두색 비누액 200mL
··· 비누액 200mL, 그린 마이카 조금, 티타늄디옥사이드(액상) 적당량

초록색 비누액 150mL
··· 비누액 150mL, 그린 마이카 조금

빨간색 비누액 30mL
··· 비누액 30mL, 핑크 마이카 조금

노란색 비누액 20mL
··· 비누액 20mL, 옐로 마이카 조금

파란색 비누액 600mL
··· 비누액 600mL, 블루 마이카 3g, 티타늄디옥사이드(액상) 적당량

비누액 만들기

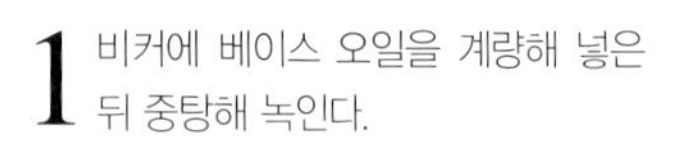

1 비커에 베이스 오일을 계량해 넣은 뒤 중탕해 녹인다.

2 가성소다와 정제수를 섞어 가성소다 수용액을 만든다.

3 베이스 오일과 가성소다 수용액의 온도를 40~45℃로 맞춘 뒤 섞는다.

4 실리콘 주걱과 블렌더를 번갈아 사용해 트레이스를 낸다.

5 트레이스가 완성되면 에센셜 오일을 넣어 섞는다.

6 디자인 스케치를 참고해 비누액을 5가지로 나눈다. 파란색 비누액을 제외한 나머지 비누액에 색 첨가물을 넣어색을 낸다.

7 비누액을 짤주머니에 옮겨 담는다.

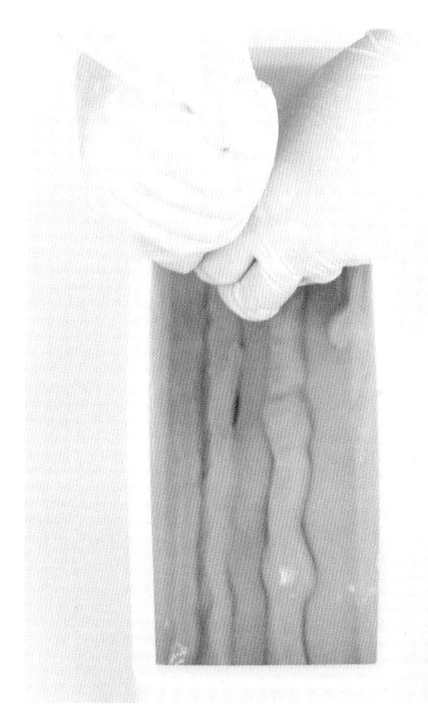

8 연두색과 초록색 비누액을 번갈아가며 일자로 짜 넣는다.

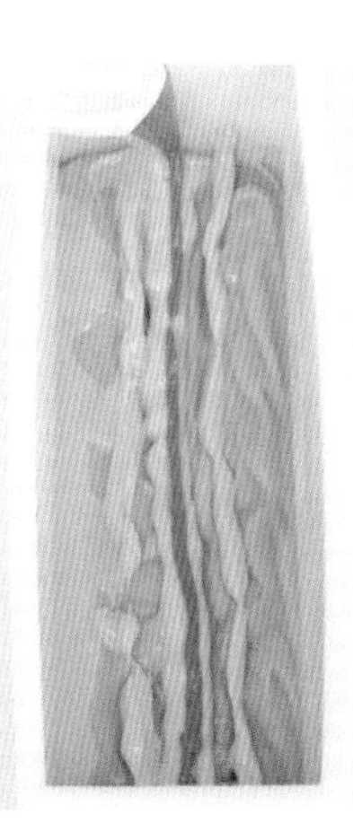

9 노란색과 빨간색 비누액을 군데군데 부어 꽃을 표현한다.

tip

풀밭이나 꽃밭 등 자연을 표현할 때는 비누액을 불규칙적으로 부어야 자연스러운 모양이 나와요.

10 남은 비누액에 블루 마이카를 섞어 파란색 비누액을 만든다.

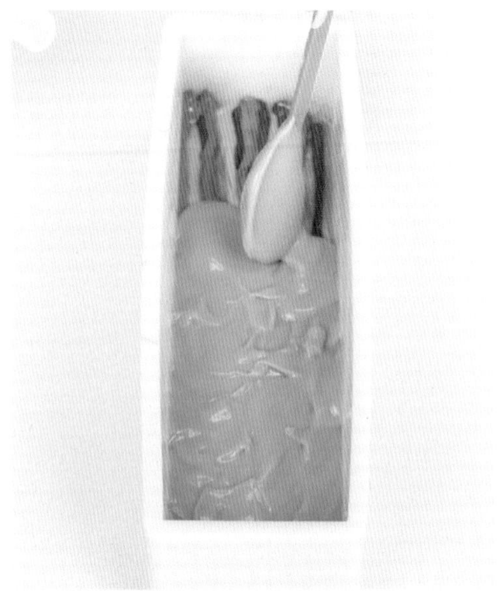

11 아래 비누액이 섞이지 않도록 스푼을 이용해 파란색 비누액을 조심스럽게 올린다.

보온하기

12 몰드 뚜껑을 닫은 뒤 30℃의 온도에서 하루 정도 보온한다.

잘라 건조하기

13 원하는 크기로 자른 뒤 통풍이 잘 되는 곳에서 4~6주 정도 건조해 사용한다.

새벽달 비누

얇게 썬 비누조각과 속비누를 준비해 들판 위에 푸르게 빛나는 새벽달을 표현해보세요. 달의 모양이나 위치를 다르게 하거나 하늘의 색을 바꿔 원하는 분위기를 담아도 좋아요.

Skin type

- 건성 ☐
- 지성 ☑
- 복합성 ☑
- 민감성 ☐
- 여드름 ☐
- 노화 ☑
- 아토피 ☐
- 아기용 ☐

재료

베이스 오일

코코넛 오일 180g
팜 오일 170g
올리브오일 200g
카놀라 오일 100g
마카다미아너트 오일 100g

가성소다 수용액

가성소다(0%) 111g
정제수(32%) 240mL

에센셜 오일

라벤더 에센셜 오일 20mL

색 첨가물

청대 분말 10g
클로렐라 분말 적당량
숯가루 적당량
그린 마이카 1.5g

기타 첨가물

반달 모양 비누 1/2개
쓰고 남은 비누조각 적당량

··· 디자인 스케치

● 연두색 비누액 300mL
···› 비누액 300mL, 그린 마이카 1.5g

● 진녹색 비누액 100mL
···› 비누액 300mL, 숯가루 적당량, 클로렐라 분말 적당량

● 남색 비누액 600mL
···› 비누액 300mL, 청대 분말 10g

비누조각 썰기

1 비누조각은 필러로 얇게 썰어 준비한다.

2 비커에 베이스 오일을 계량해 넣은 뒤 중탕해 녹인다.

3 가성소다와 정제수를 섞어 가성소다 수용액을 만든다.

4 베이스 오일과 가성소다 수용액의 온도를 40~45℃로 맞춘 뒤 섞는다.

5 실리콘 주걱과 블렌더를 이용해 트레이스를 낸다.

6 라벤더 에센셜 오일을 넣어 골고루 섞는다.

tip

원 모양 속비누 만들기

1. 솝 파우더 80g을 계량한다.
2. 솝 파우더에 정제수 20g을 섞어 반죽한다.
3. 긴 반달 모양 기둥으로 모양을 잡는다.
4. 3시간 이상 굳혀 사용한다.

7 디자인 스케치를 참고해 비누액을 3가지로 나눈 뒤 색 첨가물을 넣어 색을 낸다.

8 연두색과 진녹색 비누액에 비누조각을 조금씩 넣어 섞는다.

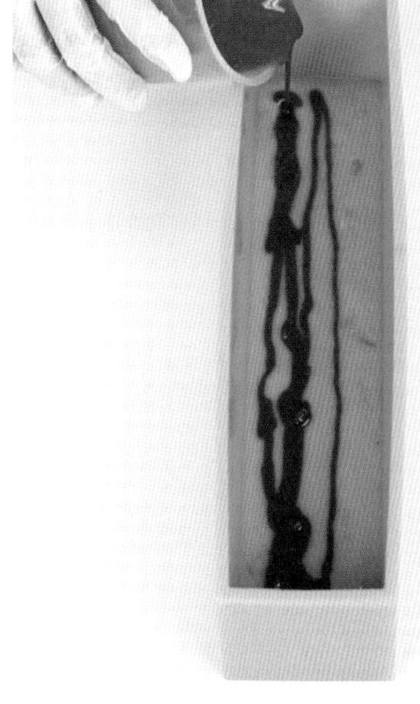

9 몰드에 연두색과 진녹색 비누액의 절반을 번갈아가며 붓는다.

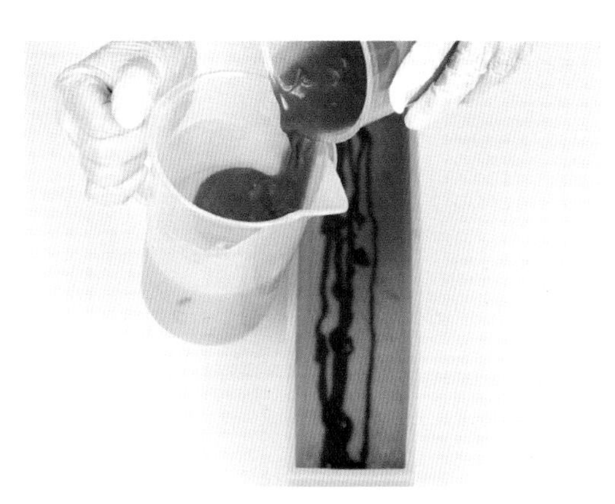

10 남은 연두색과 진녹색 비누액을 가볍게 섞어 중간 색을 만든 뒤 붓는다.

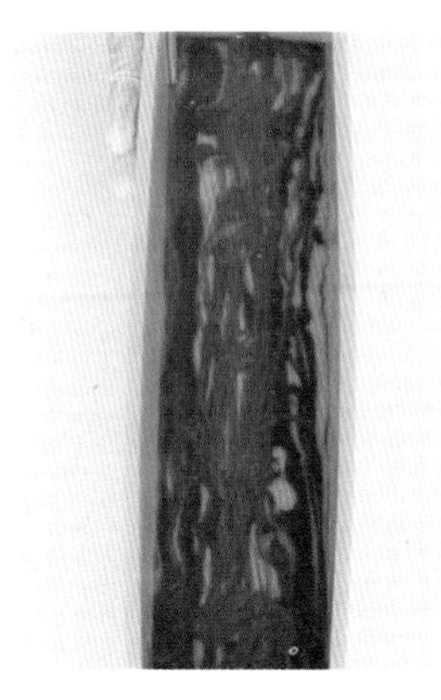

11 납작한 막대로 테두리를 정리한 뒤 잠시 보온해 비누액을 굳힌다.

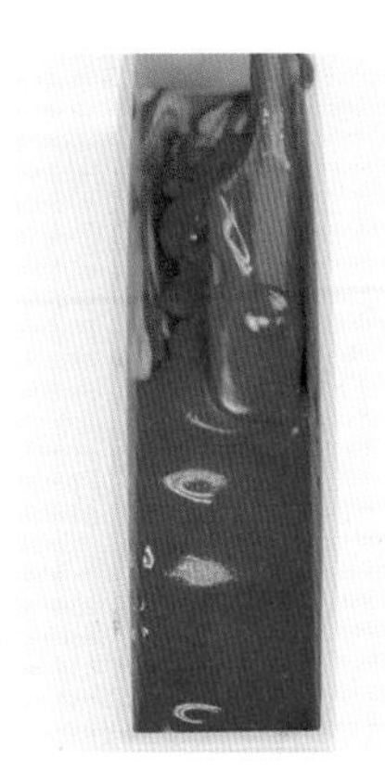

12 실리콘 주걱을 이용해 남색 비누액을 위에 얇게 덮는다.

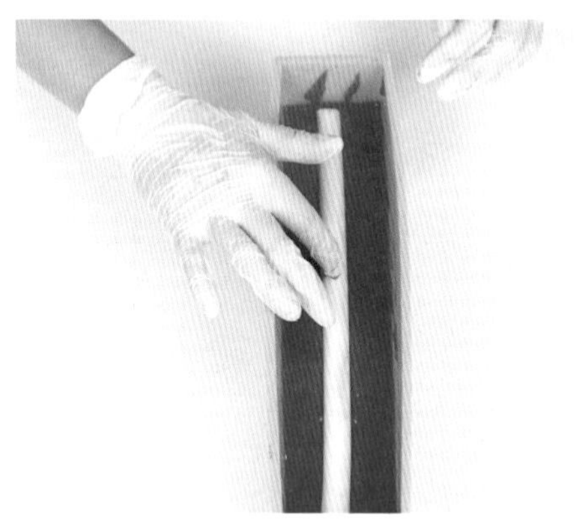

13 반달 모양 속비누를 비누액 가운데에 올린다.

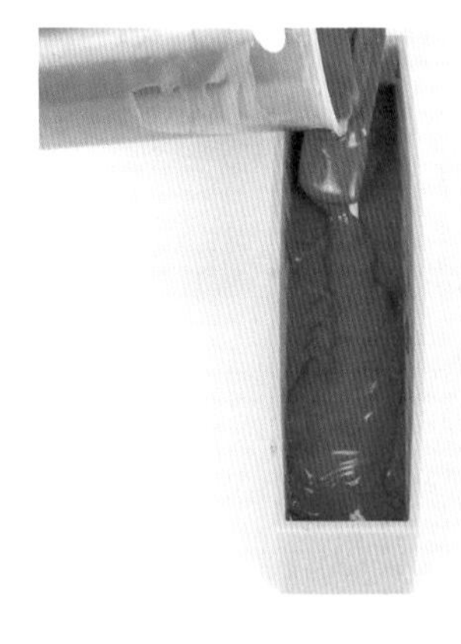

14 남색 비누액 2/3 정도를 몰드에 붓는다.

15 빳빳한 비닐을 잘라 오목한 곡선 모양으로 자른다.

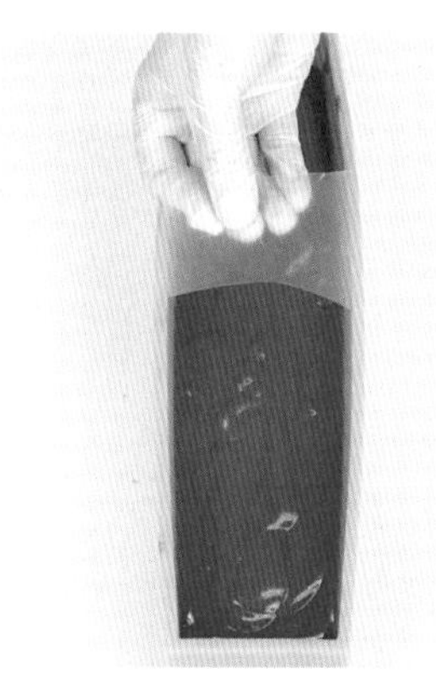

16 비누액 윗면을 비닐 스크래퍼로 천천히 긁어 곡선을 표현한다.

17 얇게 잘라놓은 비누조각들을 뿌린다.

18 남은 비누액을 모두 붓는다.

보온하기

19 납작한 막대로 테두리를 정리한 뒤 몰드 뚜껑을 닫고 30℃에서 하루 정도 보온한다.

잘라 건조하기

20 원하는 크기로 자른 뒤 통풍이 잘 되는 곳에서 4~6주 정도 건조해 사용한다.

민트사색 비누

비누액마다 트레이스를 다르게 내 하늘과 산, 땅을 표현한 비누를 만들어보세요. 민트가 아닌 다른 색을 사용해 분위기를 다르게 표현해도 좋아요. 민트사색 비누 만드는 법을 익히면 사계절 풍경을 다양하게 응용할 수 있어요.

Skin type

- 건성 ☐
- 지성 ☑
- 복합성 ☑
- 민감성 ☐
- 여드름 ☐
- 노화 ☑
- 아토피 ☐
- 아기용 ☐

재료

베이스 오일

코코넛 오일 180g
팜 오일 170g
올리브오일 200g
카놀라 오일 100g
마카다미아너트 오일 100g

가성소다 수용액

가성소다(0%) 111g
정제수(32%) 240mL

에센셜 오일

스피어민트 에센셜 오일 10mL
페퍼민트 에센셜 오일 10mL

색 첨가물

숯가루 2.5g
민트 마이카 2.5g
클로렐라 분말 1g
티타늄디옥사이드(액상) 적당량

··· 디자인 스케치

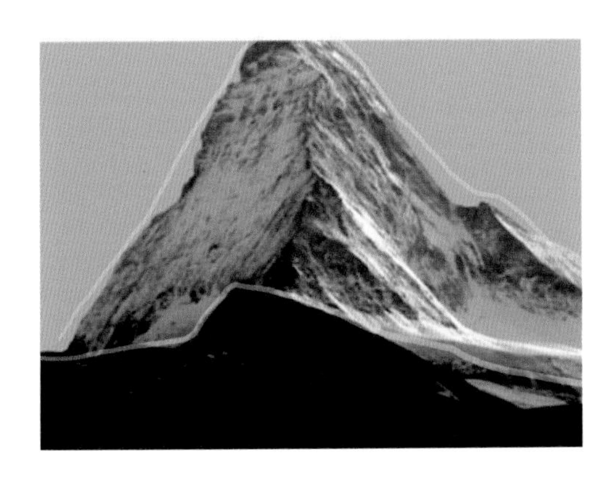

- 검은 비누액 200mL
  ··· 비누액 200mL, 숯가루 2g
- 진청록 비누액 100mL
  ···비누액 100mL, 클로렐라 분말 1g, 숯가루 0.5g
- 연하늘 비누액 300mL
  ··· 비누액 300mL, 민트 마이카 0.5g, 티타늄디옥사이드(액상) 적당량
- 민트색 비누액 400mL
  ··· 비누액 400mL 민트 마이카 2g, 티타늄디옥사이드(액상) 적당량

비누액 만들기

1 비커에 베이스 오일을 계량해 넣은 뒤 중탕해 녹인다.

2 가성소다와 정제수를 섞어 가성소다 수용액을 만든다.

3 베이스 오일과 가성소다 수용액의 온도를 40~45℃로 맞춘 뒤 섞는다.

4 실리콘 주걱과 블렌더를 번갈아 사용해 트레이스를 낸다.

5 트레이스가 완성되면 에센셜 오일을 넣어 섞는다.

첨가물 넣어 모양 내기

6 디자인 스케치를 참고해 비누액을 4가지로 나눈 뒤 색 첨가물을 넣어 색을 낸다.

7 몰드에 검은색 비누액을 붓고 스푼 뒷면을 이용해 가운데로 모아 모양을 낸다.

8 하늘색과 진녹색 비누액을 한 비커에 넣어 가볍게 섞는다.

9 몰드 아래 뚜껑을 받쳐 기울인 뒤 ⑧의 비누액을 붓고 보온해 살짝 굳힌다.

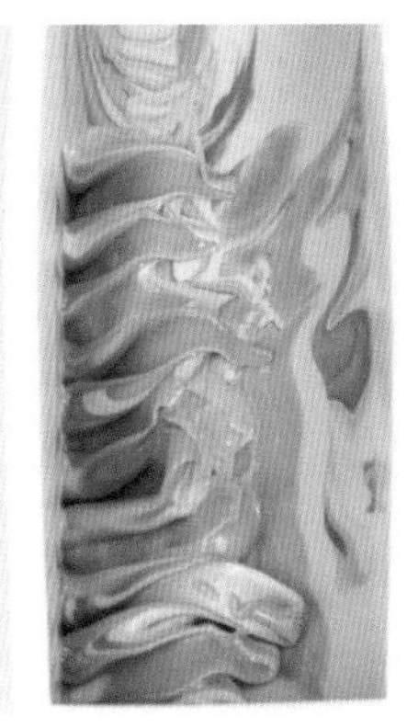

10 스푼 뒷면을 이용해 비누액을 가운데로 떠올려 산을 표현한다.

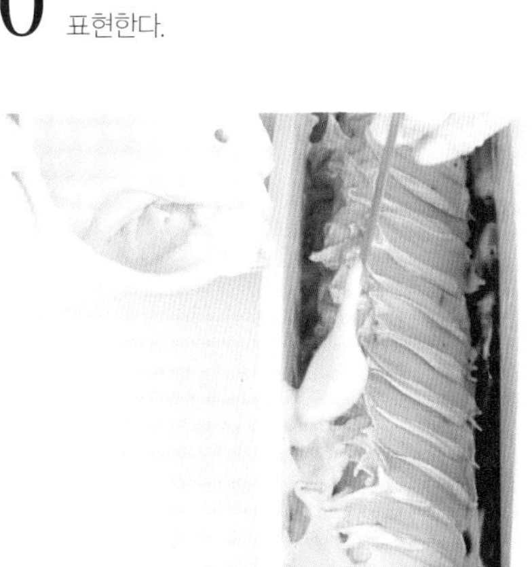

11 민트색 비누액을 몰드 양쪽 끝부터 붓는다.

tip

중간 보온 과정이 있는 비누를 만들 때는 남은 비누액 저어주는 것을 잊지마세요. 보온하는 동안 비누액을 젓지 않고 놔두면 비누액이 굳어 나머지 디자인 작업이 힘들어져요.

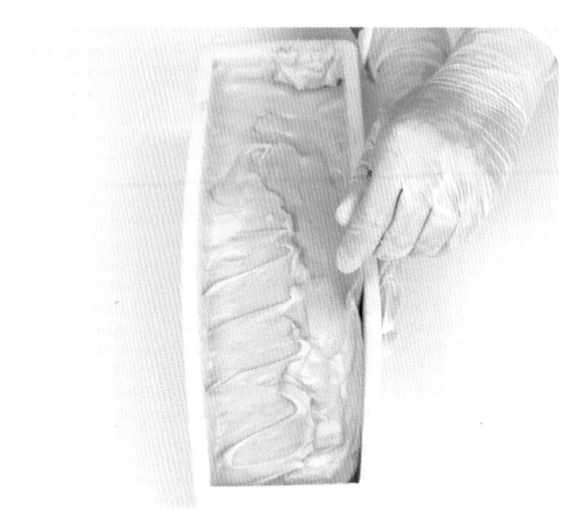

12 납작한 막대를 몰드 바닥까지 깊숙이 넣고 바깥을 따라 이동시켜 테두리를 정리한다.

보온하기

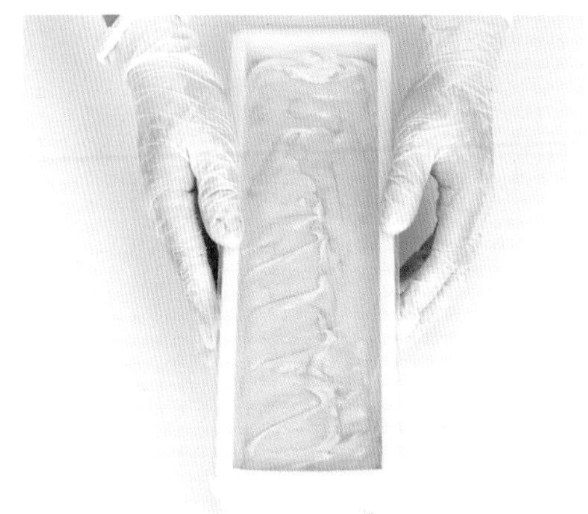

13 몰드 뚜껑을 닫은 뒤 30℃의 온도에서 하루 정도 보온한다.

잘라 건조하기

14 원하는 모양으로 자른 뒤 통풍이 잘 되는 곳에서 4~6주 정도 건조해 사용한다.

로즈사색 비누

민트사색 비누를 만들어보았다면 이번엔 좀 더 디테일한 풍경에 도전해보세요. 작은 비누조각을 넣으면 간단하게 얼음산 느낌을 살릴 수 있어요. 시중에서 볼 수 없는 예쁘고 독특한 디자인의 비누가 욕실 분위기를 화사하게 만들어줄 거예요.

Skin type

- 건성 ☐
- 지성 ☑
- 복합성 ☑
- 민감성 ☑
- 여드름 ☐
- 노화 ☑
- 아토피 ☐
- 아기용 ☐

재료

베이스 오일

코코넛 오일 180g
팜 오일 180g
올리브오일 140g
마카다미아너트 오일 150g
해바라기씨 오일 100g

가성소다 수용액

가성소다 112g
정제수(30%) 240mL

에센셜 오일

스위트 오렌지 에센셜 오일 6mL
그레이프 프루트 에센셜 오일 10mL
파출리 에센셜 오일 4mL

색 첨가물

클로렐라 분말 적당량
숯가루 적당량
청대 분말 적당량
그린 마이카 조금
핑크 마이카 조금
티타늄디옥사이드(액상) 적당량

기타 첨가물

쓰고 남은 비누조각 적당량

… 디자인 스케치

흰색 비누액 400mL
⋯ 비누액 400mL, 티타늄디옥사이드(액상) 적당량

분홍색 비누액 300mL
⋯ 비누액 300mL, 핑크 마이카 조금

연녹색 비누액 150mL
⋯비누액 150mL, 그린 마이카 조금

진녹색 비누액 100mL
⋯ 비누액 100mL, 클로렐라 분말 · 숯가루 적당량

하늘색 비누액 100mL
⋯ 비누액 100mL, 청대 분말 · 티타늄디옥사이드(액상) 적당량

비누조각 썰기

1 비누조각은 원하는 크기로 잘라 준비한다.

비누액 만들기

2 비커에 베이스 오일을 계량해 넣은 뒤 중탕해 녹인다.

3 가성소다와 정제수를 섞어 가성소다 수용액을 만든다.

4 베이스 오일과 가성소다 수용액의 온도를 40~45℃로 맞춘 뒤 섞는다.

5 실리콘 주걱과 블렌더를 이용해 트레이스를 낸다.

6 트레이스가 완성되면 에센셜 오일을 넣어 섞는다.

7 디자인 스케치를 참고해 비누액을 5가지로 나눈 뒤 색 첨가물을 넣어 색을 낸다.

8 연녹색 비누액을 몰드에 담고 잠시 보온해서 살짝 굳힌다.

9 주걱 위로 진녹색 비누액을 흘려 한쪽에 붓는다.

tip

다른 색의 비누액을 번갈아 부을 때는 주걱을 이용하세요. 주걱을 비누액 최대한 가까이 대고 그 위로 다른 비누액을 흘려 부어야 아래 비누액이 눌리는 걸 방지할 수 있어요.

10 흰색 비누액과 하늘색 비누액에 각각 비누조각을 넣어 골고루 섞는다.

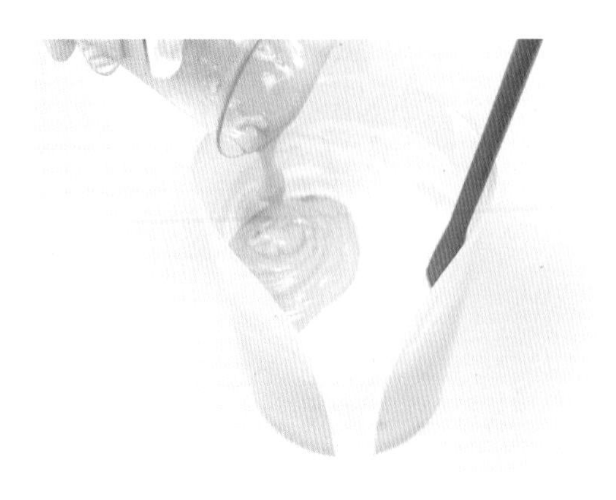

11 흰색 비누액에 하늘색 비누액을 붓고 가볍게 섞는다.

12 ⑪의 비누액을 몰드에 붓는다.

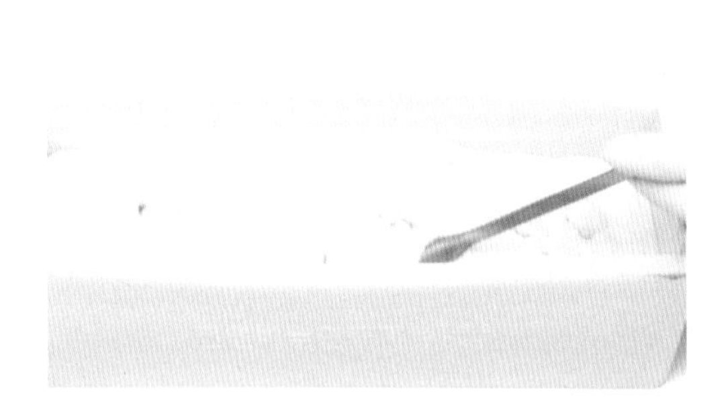

13 스푼 뒷면을 이용해 비누액을 가운데로 떠 올려 산 모양을 만든다.

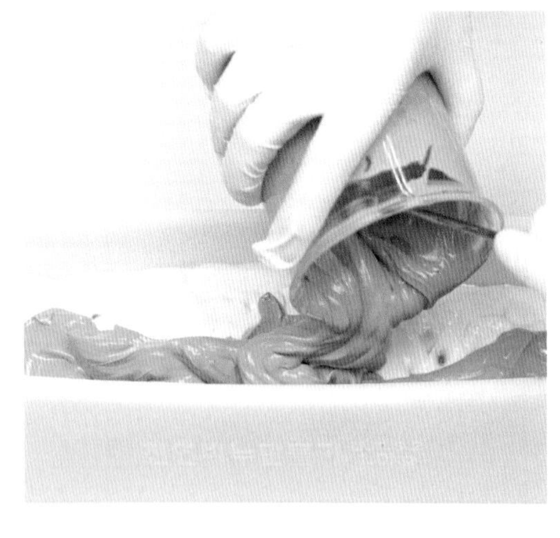

14 산 모양이 눌리지 않도록 조심하며 분홍색 비누액을 몰드 가장자리부터 붓는다.

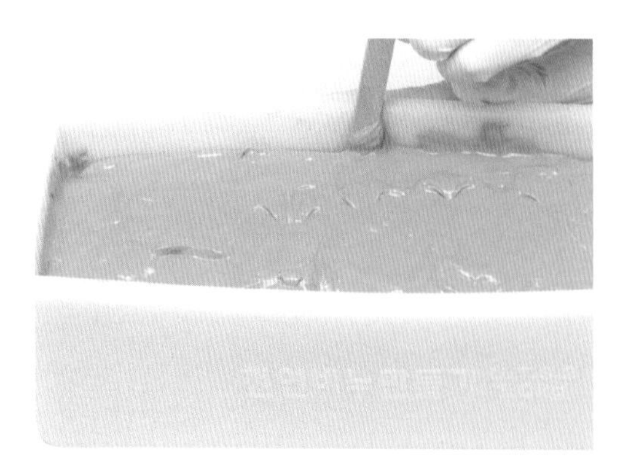

15 납작한 막대를 몰드 바닥까지 깊숙이 넣고 벽면을 따라 움직여 테두리를 정리한다.

보온하기

16 몰드 뚜껑을 닫고 30℃의 온도에서 하루 정도 보온한다.

잘라 건조하기

17 비누를 자른 뒤 통풍이 잘 되는 곳에서 4~6주 정도 건조해 사용한다.

할로윈 홀케이크 비누

할로윈 장식품이나 선물로 좋은 할로윈 홀케이크 비누예요. 원형 몰드를 사용해 케이크 시트를 만들고 하루 정도 보온해 굳힌 다음 생크림으로 먹음직스럽게 장식해보세요. 귀여운 호박 장식까지 올리면 어디에서도 볼 수 없는 특별한 비누가 완성돼요.

Skin type

- 건성 ☐
- 지성 ☐
- 복합성 ☑
- 민감성 ☐
- 여드름 ☐
- 노화 ☐
- 아토피 ☐
- 아기용 ☐

재료 (110g*4개)

케이크 시트(400g)
코코넛 오일 75g
팜 오일 75g
올리브오일 150g

가성소다 수용액
가성소다(0%) 44g
정제수(30%) 90mL

에센셜 오일
스위트 오렌지 에센셜 오일 4mL
메이창 에센셜 오일 4mL

색 첨가물
호박 분말 2g
옐로 마이카 조금
오렌지 마이카 조금
티타늄디옥사이드(액상) 적당량

호박모양비누(4개)
솝 파우더 20g
호박 분말 적당량

생크림(120g)
코코넛 오일 30g
팜 오일 30g
올리브오일 60g

가성소다 수용액
가성소다(0%) 18g
정제수(32%) 38mL

색 첨가물
티타늄디옥사이드 적당량

··· 디자인 스케치

- 노란색 비누액 280mL
  ··· 비누액 280mL, 호박 분말2g, 옐로 마이카 · 오렌지 마이카 조금씩
- 흰색 비누액(케이크 시트) 100mL
  ··· 비누액 100mL, 티타늄디옥사이드(액상) 적당량
- 흰색 비누액(생크림) 120mL
  ··· 비누액 120mL. 티타늄디옥사이드(액상) 적당량

1 비커에 베이스 오일을 넣고 중탕해 녹인다.

2 가성소다와 정제수를 섞어 가성소다 수용액을 만든다.

3 베이스 오일과 가성소다 수용액을 40~45℃로 맞춘 뒤 섞는다.

4 실리콘 주걱과 블렌더를 번갈아 사용해 트레이스를 낸다.

5 트레이스가 완성되면 에센셜 오일을 넣어 섞는다.

6 디자인 스케치를 참고해 비누액을 2가지로 나누고 색 첨가물을 넣어 색을 낸다.

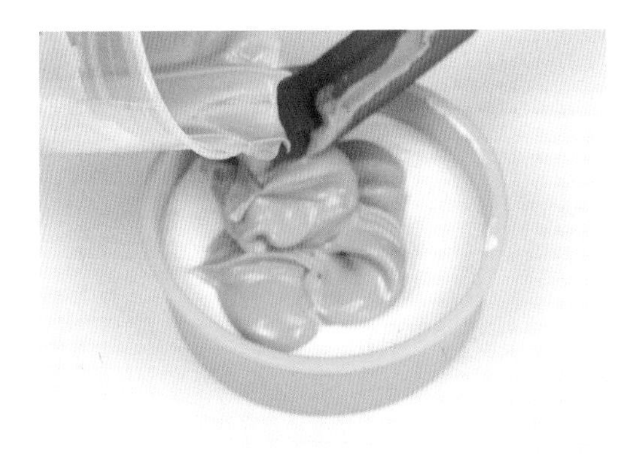

7 몰드에 주황색 비누액, 흰색 비누액, 주황색 비누액을 순서대로 담는다.

8 실리콘 주걱으로 윗면을 다듬고 뚜껑을 덮어 하루 정도 보온한다.

9 보온이 끝난 비누는 필러를 이용해 모서리를 다듬는다.

tip

호박비누 만들기

1. 호박비누 1개당 5g씩 계산해 솝 파우더를 계량한다.
2. 원하는 색 분말을 첨가한다.
3. 정제수를 조금씩 넣어가며 반죽한다.
4. 반죽을 동그랗게 빚는다.
5. 이쑤시개로 호박에 결을 표현한다.
6. 2시간 이상 건조해 사용한다.

10 ①~④ 과정을 참고해 생크림용 비누액을 만든다.

11 비누액에 티타늄디옥사이드를 넣어 색을 낸다.

12 실리콘 주걱으로 케이크 시트 위에 생크림을 펴 바른다.

13 비누칼을 이용해 자르고자 하는 선을 표시한다.

14 짤주머니에 남은 비누액을 넣고 생크림을 짜 올린다.

보온하기

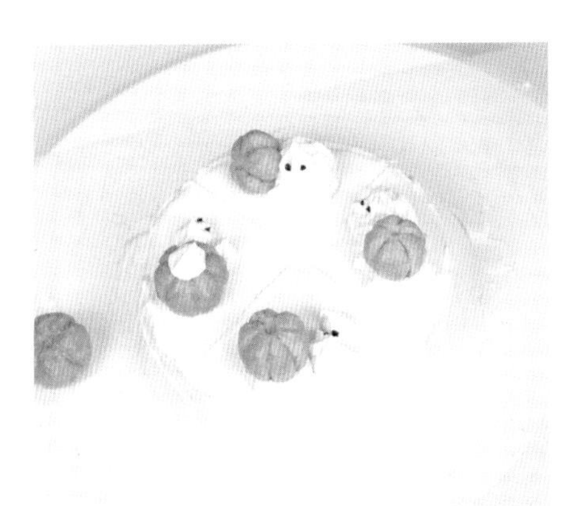

15 생크림 위에 호박 모양 비누를 올린다.

16 하루 정도 보온한 뒤 필러로 모서리를 정리한다.

건조하기

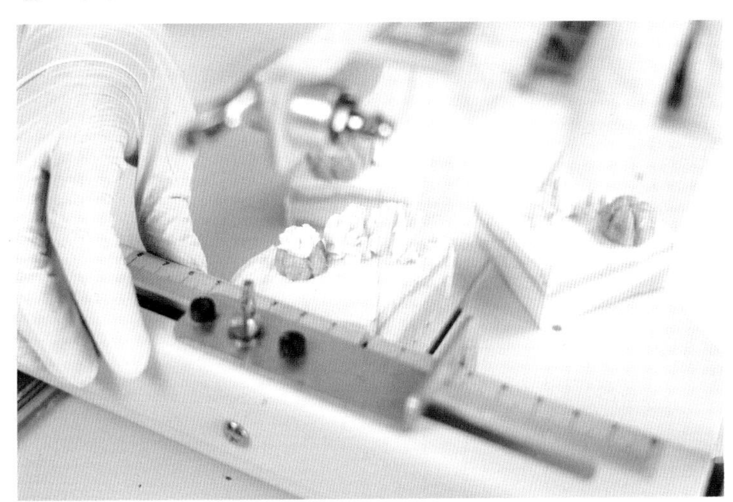

17 비누를 자른 뒤 통풍이 잘 되는 곳에서 4~6주 정도 건조해 사용한다.

레드벨벳 컵케이크 비누

보기만 해도 달콤해지는 컵케이크 비누예요. 컵케이크 몰드와 짤주머니만 있으면 만들기도 아주 쉬워요. 케이크 색이나 크림, 토핑에 따라 여러 가지 컵케이크 비누를 만들 수 있어요. 예쁘게 만들어 가까운 사람에게 선물해보세요.

Skin type

- 건성 ☐
- 지성 ☐
- 복합성 ☑
- 민감성 ☐
- 여드름 ☐
- 노화 ☐
- 아토피 ☐
- 아기용 ☐

재료 (100g*8개)

베이스 오일

코코넛 오일 100g
팜 오일 100g
올리브오일 200g
스위트 아몬드 오일 100g

가성소다 수용액

가성소다(0%) 73g
정제수(30%) 150mL

에센셜 오일

스위트 오렌지 에센셜 오일 10mL
로즈제라늄 에센셜 오일 10mL

색 첨가물

레드 마이카 3g
티타늄디옥사이드(액상) 적당량

과일 모양 비누

비누 베이스 100g
빨간색 식용색소 조금

··· 디자인 스케치

빨간색 비누액 700mL
··· 비누액 700mL, 레드 마이카 3g

연분홍 비누액 450mL
··· 빨간색 비누액 450mL, 티타늄디옥사이드(액상) 적당량

과일 모양 비누 6개

과일 모양 비누 만들기

1 비누 베이스를 깍둑썰기해 녹인다.

2 녹인 비누 베이스에 색 첨가물을 넣고 골고루 섞는다.

3 비누액을 몰드에 붓는다.

4 3시간 이상 건조해 사용한다.

비누액 만들기

5 비커에 베이스 오일을 넣고 중탕해 녹인다.

6 가성소다와 정제수를 섞어 가성소다 수용액을 만든다.

7 베이스 오일과 가성소다 수용액을 40~45℃로 맞춘 뒤 섞는다.

8 실리콘 주걱과 블렌더를 번갈아 사용해 트레이스를 낸다. 트레이스 내기(p.39)

9 트레이스가 완성되면 에센셜 오일을 넣어 섞는다.

첨가물 넣어 모양내기

10 레드 마이카를 갠 다음 비누액을 섞어 빨간색 비누액을 만든다.

11 머핀 트레이에 실리콘 컵케이크 몰드를 넣어 준비한다.

12 빨간색 비누액 절반을 머핀 몰드에 붓는다.

13 남은 빨간색 비누액에 티타늄디옥사이드를 넣어 분홍색 비누액을 만든 뒤 짤주머니를 이용해 모양을 낸다.

> **tip**
>
> 생크림을 짤 때는 가운데를 먼저 채운 다음 바깥으로 돌려가며 짜야 가운데가 움푹 꺼지는 현상을 막을 수 있어요.

14 과일 모양 비누를 올려 장식한다.

보온하기

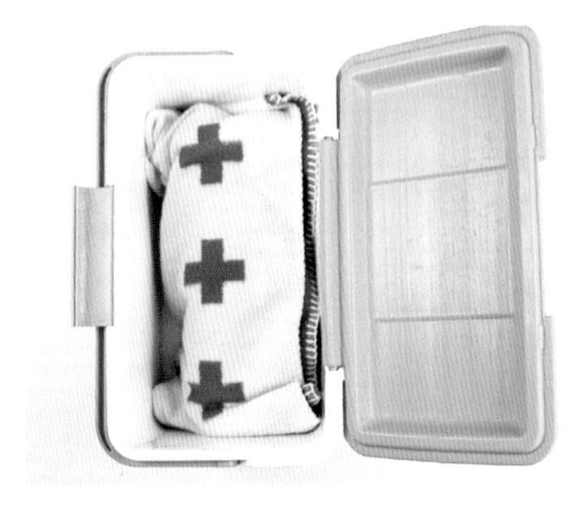

15 30℃의 온도에서 하루 정도 보온한다.

잘라 건조하기

16 머핀틀에서 분리한 뒤 통풍이 잘 되는 곳에서 4~6주 정도 건조한다. 남은 것은 밀봉해 보관한다.

크리스마스 비누

트리 위로 흰 눈이 소복하게 내린 모습을 담은 성탄절 비누예요. 이 레시피에서는 짤주머니와 못 쓰는 옷걸이 등을 이용해 새로운 마블 기법을 익힐 거예요. 트리와 눈송이의 색과 모양을 다양하게 응용해 즐거운 크리스마스 모습을 표현해보세요.

Skin type

건성 ☐
지성 ☐
복합성 ☑
민감성 ☑
여드름 ☑
노화 ☐
아토피 ☐
아기용 ☐

재료

베이스 오일
코코넛 오일 150g
팜 오일 150g
올리브오일 300g
포도씨 오일 100g
해바라기씨 오일 100g

가성소다 수용액
가성소다(0%) 114g
정제수(30%) 225mL

에센셜 오일
로즈제라늄 에센셜 오일 10mL
라벤더 에센셜 오일 10mL

색 첨가물
레드 마이카 3g
클로렐라 분말 2g
그린 마이카 1g
핑크 마이카 조금
숯가루 적당량
티타늄디옥사이드(액상) 적당량

빨대 또는 못 쓰는 옷걸이

··· 디자인 스케치

연분홍 비누액 200mL
··· 비누액 200mL, 핑크 마이카 조금, 티타늄디옥사이드(액상) 적당량

연두색 비누액 200mL
··· 비누액 200mL, 그린 마이카 1g

진녹색 비누액 150mL
··· 비누액 150mL, 클로렐라 분말 2g, 숯가루 적당량

빨간색 비누액 450mL
··· 비누액 450mL, 레드 마이카 3g

비누액 만들기

1 비커에 베이스 오일을 계량해 넣은 뒤 중탕해 녹인다.

2 가성소다와 정제수를 섞어 가성소다 수용액을 만든다.

3 베이스 오일과 가성소다 수용액을 40~45℃로 맞춘 뒤 섞는다.

4 실리콘 주걱과 블렌더를 번갈아 사용해 트레이스를 낸다.

5 트레이스가 완성되면 에센셜 오일을 넣어 섞는다.

첨가물 넣어 모양내기

6 디자인 스케치를 참고해 비누액을 4가지로 나누고 색 첨가물을 넣어 색을 낸다.

7 연분홍 비누액을 50mL 정도 덜어놓고 나머지 비누액을 몰드에 붓는다.

8 덜어놓은 연분홍 비누액을 살짝 굳혀 눈송이 비누를 만든다.

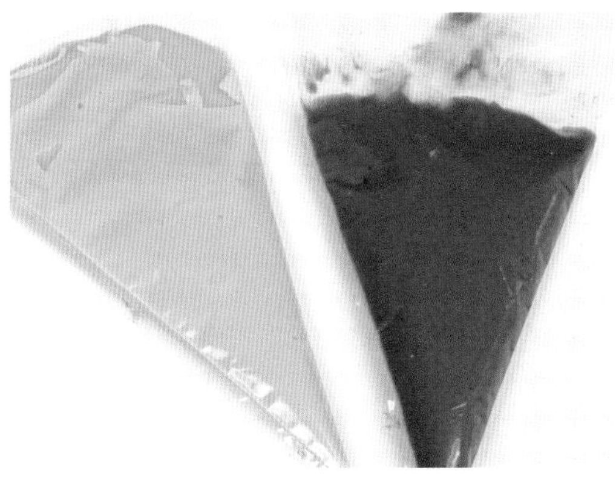

9 연두색과 진녹색 비누액은 짤주머니에 담아 준비한다.

tip

눈송이 비누를 만들 때는 연분홍 비누액을 조금 덜어 보온 박스에 넣어두세요. 비누액이 굳어 찰흙처럼 말랑말랑하게 변하면 동그랗게 빚어 눈송이 모양을 만들어요.

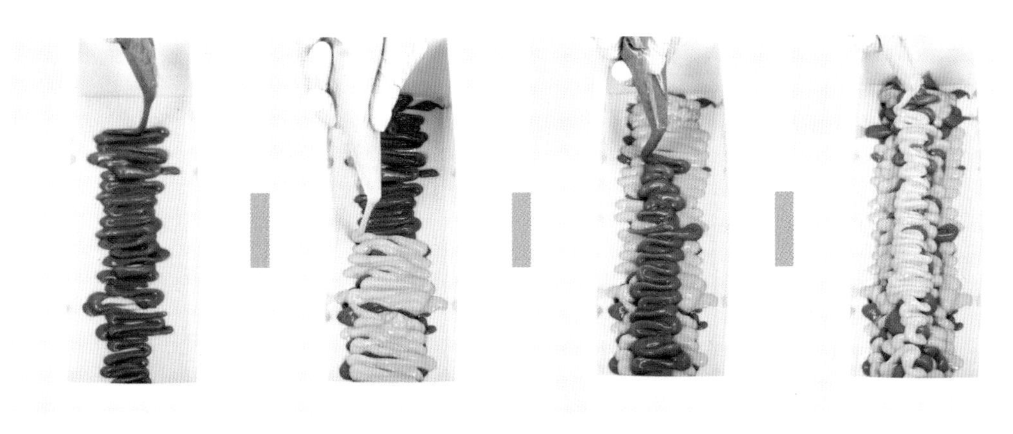

10 연분홍 비누액 위로 진녹색과 연두색 비누액을 번갈아가며 쌓듯이 올린다.

11 빨대나 못 쓰는 옷걸이를 몰드 크기에 맞춰 'ㄷ'자로 구부린다.

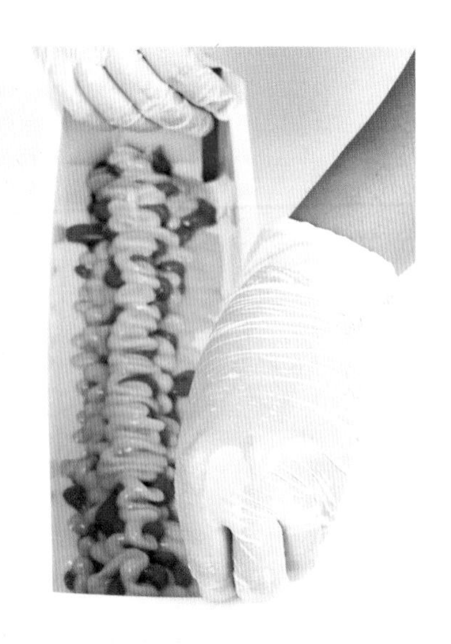

12 빨대를 몰드 끄트머리에 집어넣고 가운데로 이동시켜 트리 가운데 부분을 통과한다.

13 눈송이 비누를 조심스럽게 뿌린다.

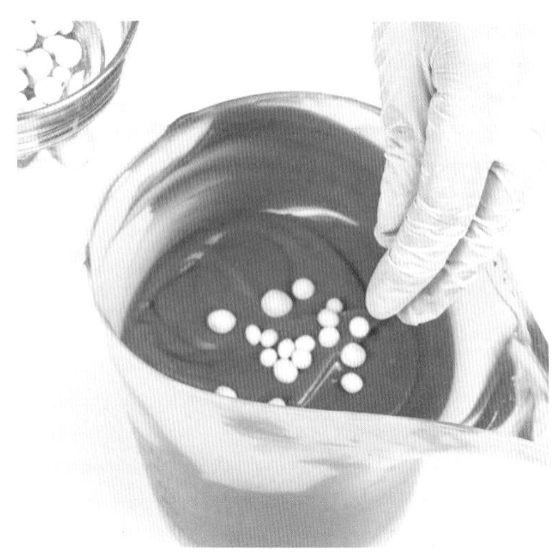

14 빨간색 비누액에 눈송이 비누를 넣어 가볍게 섞는다.

15 다 채워지면 빨간색 비누액을 짤주머니에 옮겨 담고 몰드 양쪽 끝부터 짜나간다.

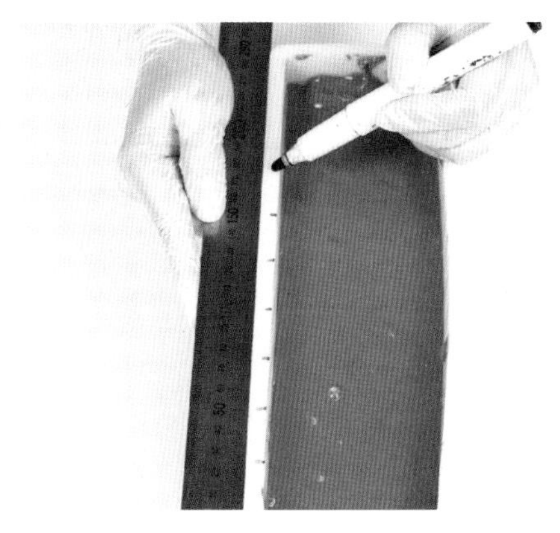

16 몰드 위에 2.5cm 간격으로 선을 표시한다.

17 표시한 선 중앙에 맞춰 연두색 비누액으로 트리를 그린다.

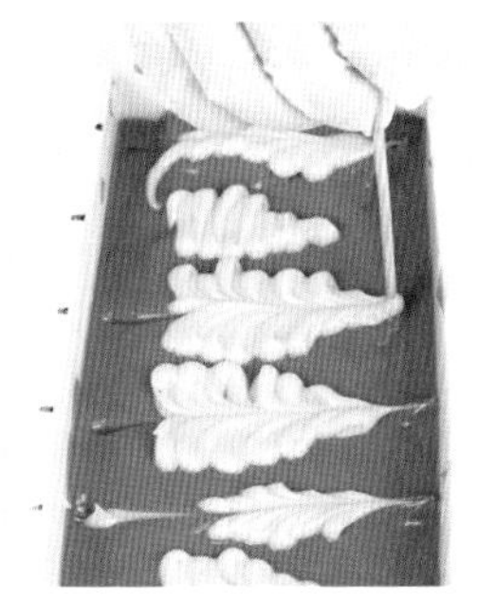

18 얇고 긴 나무꼬치로 트리 가운데를 통과시켜 나무를 완성한다.

보온하기

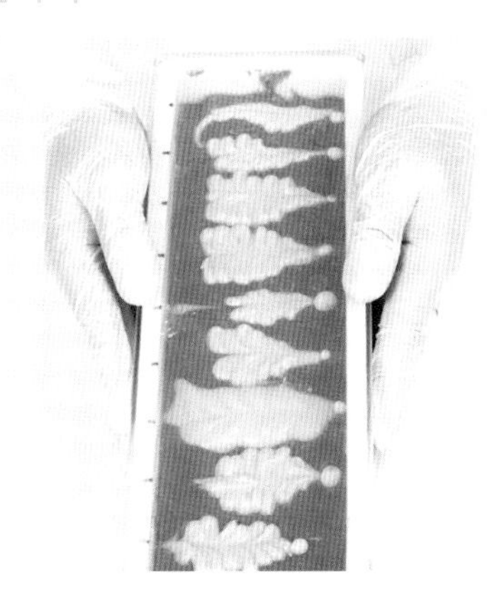

19 몰드 뚜껑을 닫은 뒤 30℃의 온도에서 하루 정도 보온한다. 보온하기 p.98

건조하기

20 보온이 끝나면 비누를 자른 뒤 통풍이 잘 되는 곳에서 4~6주 정도 건조해 사용한다.

PART 4
MP비누

비누 베이스로 간단하게 만드는 천연비누예요. 녹인 비누 베이스에 향과 색을 더하는 첨가물을 넣어 굳히기만 하면 돼요. 드라이 허브가 돋보이는 예쁜 투명 비누도 만들 수 있어요.

쉽게 만드는 MP 비누

비누 베이스를 이용해 간편하게 천연비누를 만들어보세요. '녹여 붓기 비누'라는 이름답게 비누 베이스를 녹여 원하는 첨가물들을 넣은 뒤 굳히면 간단하게 천연비누가 완성돼요. 여기에 보습제와 식물성 오일 등을 첨가하면 CP 비누 못지않게 촉촉한 비누를 만들 수 있어요.

MP 비누를 구성하는 재료

비누 베이스를 사용하는 MP 비누는 글리세린이나 히알루론산, 꿀 등을 넣어 보습 효과를 높인다. MP 비누에도 각종 첨가물이 들어가는데 많이 넣으면 비누가 쉽게 물러지거나 거품이 잘 안 날 수 있으므로 적정량을 지키도록 한다.

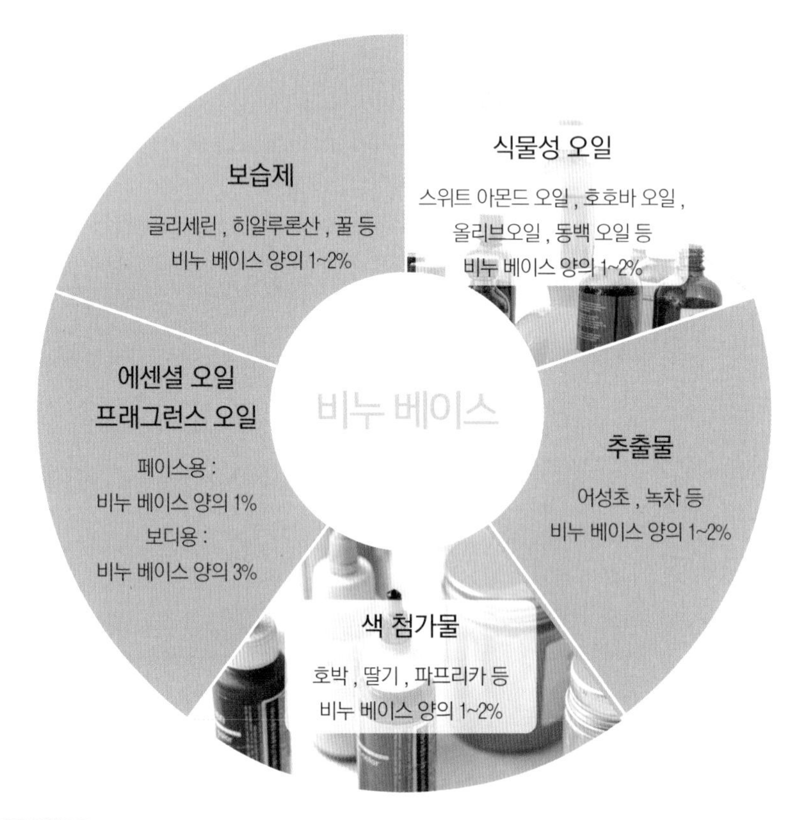

사용 전 알아두세요

· 비누 베이스는 도구에 묻는 양을 생각해 20~30g 정도 여유 있게 계량한다.
· 비누 베이스가 70% 정도 녹으면 불에서 내려 잔열로 녹인다.
· 200g 이하 비누 베이스를 녹일 때는 전자레인지를 이용한다. 비누액이 끓어 넘치지 않도록 10초 단위로 확인한다.
· 습도가 높으면 비누 표면에 물방울이 생길 수 있으니 랩이나 포장용 봉투를 이용해 밀봉해 보관한다.
· 비누를 만들 때 정제수를 1~2% 정도 넣으면 물방울이 맺히는 현상을 예방할 수 있다.
· 비누 색이 바래거나 향이 없어지기 전에 사용한다. 1년 안에 사용하는 것이 좋다.

한눈에 보는 MP 비누 만들기

1 비누 베이스 녹이기

열이 고르게 전달되도록 비누 베이스를 깍둑썰기해 중탕한다.

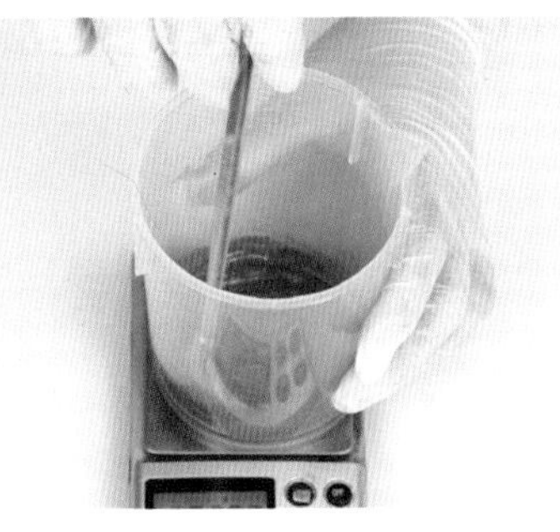

2 첨가물 준비하기

비누를 녹이는 동안 글리세린, 식물성 오일, 천연분말을 계량해 섞는다.

3 비누 베이스와 첨가물 섞기

②의 첨가물에 녹인 비누 베이스에 넣는다.

4 향 첨가하기

비누액 표면에 막이 살짝 생기면 에센셜 오일을 넣어 섞는다.

5 몰드 소독하기

사용할 몰드에 에탄올을 뿌려 소독한다.

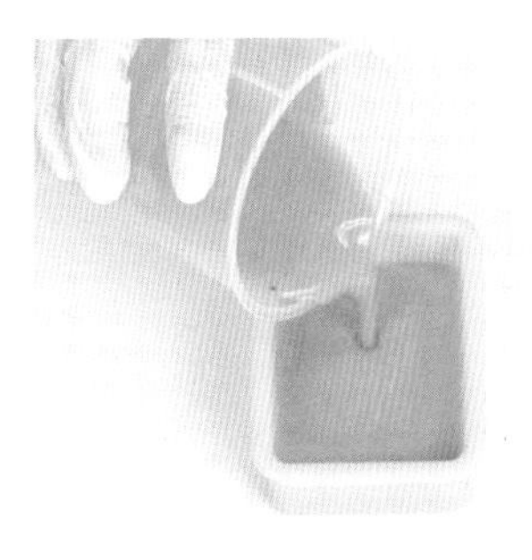

6 비누액 붓기

몰드에 비누액을 붓는다.

7 에탄올 뿌려 기포 없애기

비누액 표면에 에탄올을 뿌려 기포를 없앤다.

8 건조해 밀봉하기

3시간 이상 건조시켜 사용한다. 남은 것은 밀봉해 보관한다.

드라이 허브 비누

가장 대표적인 MP 비누 레시피로 욕실에 포인트를 더해보세요. 투명 비누 베이스를 녹여 드라이 허브만 넣으면 완성되는 쉬운 비누예요. 드라이 허브 외에도 좋아하는 꽃잎 등 다양한 첨가물을 넣어 개성을 담아도 좋아요.

재료 (100g* 4개)

비누액
투명 비누 베이스 420g
글리세린 4g
동백 오일 4g

에센셜 오일
로즈제라늄 에센셜 오일 4mL

기타 첨가물
드라이 허브 적당량
에탄올 적당량

··· 디자인 스케치

비누액 400mL
··· 투명 비누 베이스 400g

드라이 허브 적당량

1 투명 비누 베이스를 깍둑썰기한 뒤 중탕해 녹인다. 70% 정도 녹았을 때 불에서 내려 남은 열로 녹인다.

2 비커와 드라이 허브를 준비한다.

3 녹인 비누액에 글리세린과 동백 오일, 에센셜 오일을 넣어 섞는다.

4 완성된 비누액을 4등분하고 준비한 드라이 허브를 섞는다.

tip

드라이 허브를 넣을 때 비누액 온도가 높으면 비누액이나 드라이 허브의 색이 변할 수 있어요. 사용하는 데는 이상 없으니 안심하세요.

몰드에 부어 모양내기

5 몰드에 에탄올을 뿌려 소독한다.

6 드라이 허브를 섞은 비누액을 몰드에 붓는다.

7 비누액 윗면에 에탄올을 뿌려 기포를 없앤다.

8 비누액이 굳기 전 막대로 허브의 위치를 잡는다.

건조해 보관하기

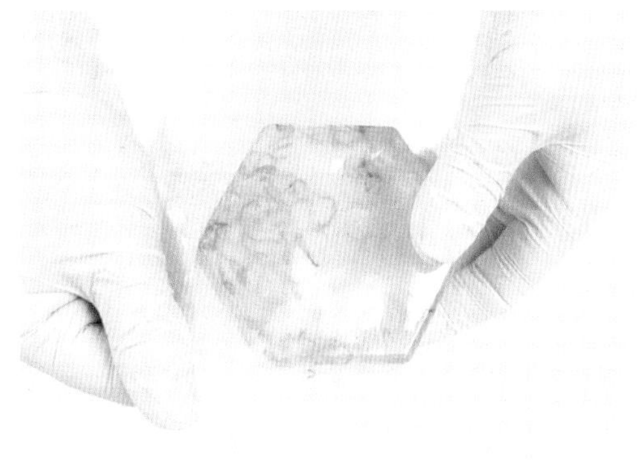

9 2시간 이상 건조한다. 남은 것은 밀봉해 보관한다.

카렌듈라 호박 투톤 비누

카렌듈라와 호박으로 만든 투톤 비누는 모양이 고급스러워 선물하기 좋아요. 복잡해 보이지만 생각보다 쉽고 간단하게 만들 수 있어요. 호호바 오일과 글리세린을 더해 보습 효과가 뛰어나요.

재료 (100g* 9개)

비누액
흰색 비누 베이스 520g
투명 비누 베이스 520g
호호바 오일 10g
글리세린 10g

에센셜 오일
스위트 오렌지 에센셜 오일 4mL
라벤더 에센셜 오일 6mL

색 첨가물
호박 분말 5g

기타 첨가물
카렌듈라 드라이 허브 적당량
에탄올 적당량

··· 디자인 스케치

노란색 비누액 520mL
··· 흰색 비누 베이스 500g, 호박 분말 5g

투명 비누액 520mL
··· 투명 비누 베이스 500g

카렌듈라 드라이 허브 적당량

호박 비누액 만들기

1 흰색 비누 베이스를 깍둑썰기한 다음 비커에 담아 녹인다. 70% 정도 녹았을 때 불에서 내려 남은 열로 좀 더 녹인다.

2 호박 분말, 호호바 오일, 글리세린 각 5g을 한데 넣어 섞는다.

3 녹인 흰색 비누 베이스에 ②의 첨가물을 넣어 골고루 섞는다.

4 표면에 얇은 막이 생기면 스위트 오렌지 에센셜 오일 2g, 라벤더 에센셜 오일 3g을 넣고 섞는다.

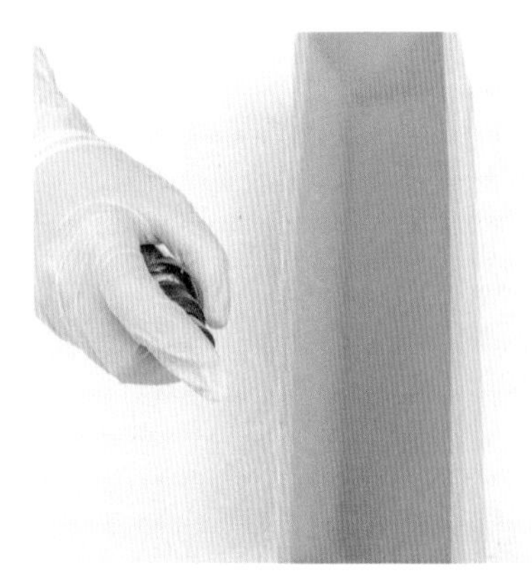

5 몰드 뚜껑을 한쪽에 받쳐 살짝 기울인 뒤 에탄올을 몰드에 뿌린다.

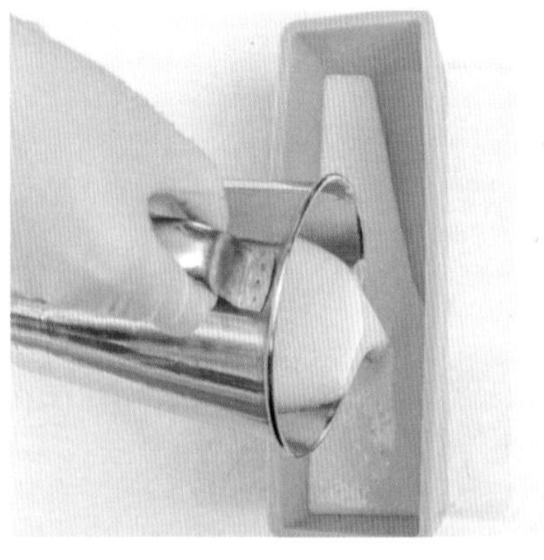

6 비누액을 몰드에 붓는다.

카렌듈라 비누액 만들기

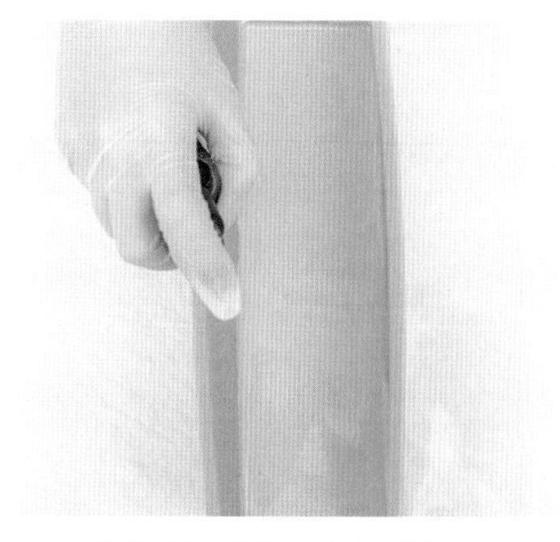

7 표면에 에탄올을 뿌려 기포를 없앤다.

8 투명 비누 베이스를 깍둑썰기한 다음 비커에 담아 녹인다. 70% 정도 녹았을 때 불에서 내려 남은 열로 좀 더 녹인다.

9 녹인 투명 비누액에 호호바 오일, 글리세린 각 5g과 카렌듈라를 넣고 남은 에센셜 오일을 넣어 섞는다.

10 노란 비누액이 70% 정도 굳으면 주걱 위로 투명 비누액을 조심스럽게 붓는다.

잘라 건조하기

11 2시간 정도 건조한 뒤 잘라 사용한다. 남은 것은 밀봉해 보관한다.

tip

비누액이 다 굳은 후에 다른 비누액을 부으면 두 종류의 비누가 분리될 수 있어요. 열이 살짝 남아있을 때 에탄올을 충분히 뿌리고 다른 비누액을 부으면 됩니다.

멘톨 비누

박하 결정체인 멘톨을 넣어 시원하고 청량한 느낌이 나는 비누예요. 상쾌한 페퍼민트와 유칼립투스의 향을 더하면 한여름 더위를 날려줄 비누를 만들 수 있어요. 멘톨의 양은 피부 타입에 따라 비누액의 2~4%로 조절해 사용하세요.

재료 (100g* 4개)

비누액
투명 비누 베이스 440g
글리세린 4g
아보카도 오일 4g

멘톨 8g

에센셜 오일
페퍼민트 에센셜 오일 2mL
유칼립투스 에센셜 오일 2mL

색 첨가물
파란색 식용색소 조금

기타 첨가물
에탄올 적당량

··· 디자인 스케치

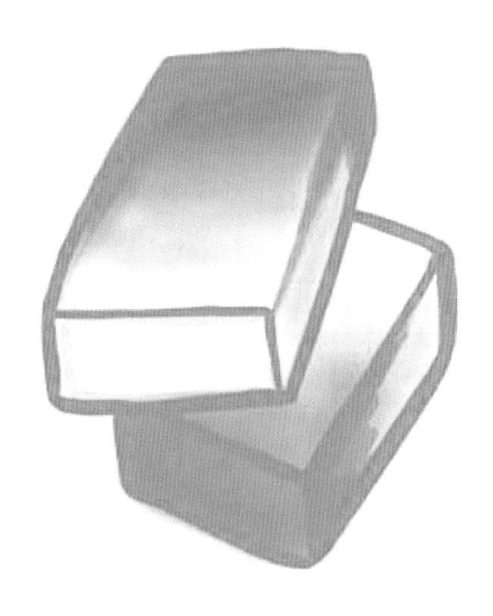

파란색 비누액 200mL
··· 투명 비누 베이스 200mL, 파란색 식용색소 조금

투명 비누액 200mL
··· 투명 비누 베이스 200mL

멘톨 8g

1 비누 베이스를 깍둑썰기한 다음 중탕해 녹인다.

2 비커에 글리세린과 아보카도 오일을 계량해 넣는다.

3 ②의 비커에 녹인 비누 베이스를 붓는다.

4 비누액을 반 나눠 식용색소를 조금씩 넣으며 원하는 색을 낸다. 식용색소는 색이 진하므로 스푼에 조금씩 덜어 사용한다.

5 페퍼민트와 유칼립투스 에센셜 오일을 각 1g씩 넣는다.

6 멘톨 4g을 넣어 가볍게 섞는다.

7 나머지 비누액에 남은 에센셜 오일과 멘톨을 넣는다.

8 실리콘 몰드에 에탄올을 뿌려 소독한다.

9 몰드 양쪽에서 파란색과 투명 비누액을 동시에 붓는다. 비커를 움직이지 않고 천천히 부어야 색이 섞이지 않는다.

tip

- 몰드에 부을 때 비누액 온도가 60℃를 넘으면 비누액이 뒤섞이므로 주의하세요.
- 비누 표면이 다 굳기 전 몰드를 움직이면 표면에 주름이 질 수 있어요.
- 밀봉해 보관해야 멘톨 성분이 휘발되는 것을 막을 수 있어요.

10 비누액 위로 에탄올을 뿌려 마무리한다.

11 2시간 이상 건조해 사용한다. 남은 것은 밀봉해 보관한다.

원석 비누

소중한 사람의 탄생석을 표현할 수 있는 원석 비누를 만들어보세요. 비누 베이스와 색 첨가물에 따라 다양한 보석을 만들 수 있어요. 영롱한 보석을 닮은 비누는 가족이나 친구에게 특별한 선물이 될 거예요.

재료 (100g* 9개)

비누액
흰색 비누 베이스 120g
투명 비누 베이스 920g
글리세린 10g
호호바 오일 10g

에센셜 오일
로즈우드 에센셜 오일 10mL

색 첨가물
분홍색 식용색소 조금
노란색 식용색소 조금
민트색 식용색소 조금

기타 첨가물
에탄올 적당량
종이컵 5개

··· 디자인 스케치

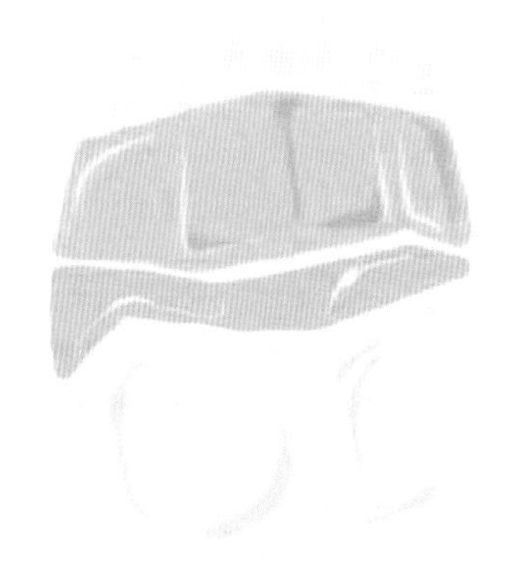

흰색 비누액 100mL
··· 흰색 비누 베이스 100g, 호호바 오일 · 글리세린 · 로즈우드 에센셜 오일 각 1g씩

투명 비누액 100mL
··· 투명 비누 베이스 100g, 호호바 오일 · 글리세린 · 로즈우드 에센셜 오일 각 1g씩

투명한 핑크 비누액 200mL
··· 투명 비누 베이스 200g, 호호바 오일 · 글리세린 · 로즈우드 에센셜 오일 각 2g씩

투명 펄 비누액
··· 투명 비누 베이스 100g, 호호바 오일 · 글리세린 · 로즈우드 에센셜 오일 각 1g씩, 노란색 식용색소 조금

민트색 비누액 500mL
··· 투명 비누 베이스 500g, 호호바 오일 · 글리세린 · 로즈우드 에센셜 오일 각 1g씩, 민트색 식용색소 조금

비누액 만들기

1 비누 베이스를 깍둑썰기한 뒤 따로 녹인다. 70% 정도 녹았을 때 불에서 내려 남은 열로 녹인다.

2 디자인 스케치를 참고해 비누액을 5가지로 나누고 시어버터와 글리세린, 식용색소를 넣는다.

종이컵 이용해 모양 잡기

3 파란색 비누액부터 순서대로 종이컵에 붓는다.

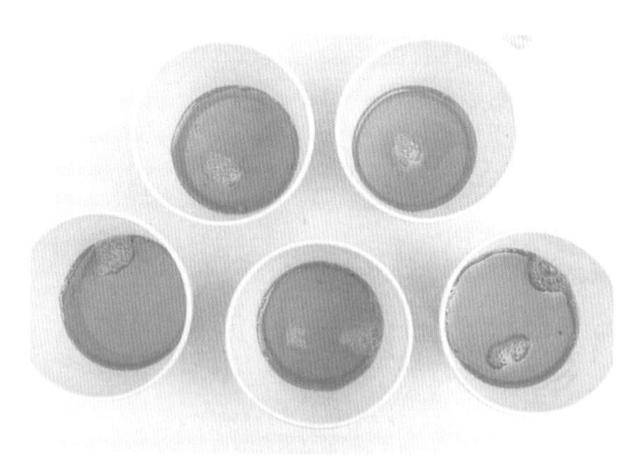

4 비누액 표면에 에탄올을 뿌려 기포를 없앤다.

5 파란색 비누액이 굳기 전, 다음 색 비누액을 붓는다.

tip

· 자르고 남은 비누조각들은 비누망에 담아 사용하세요.

· 식용색소는 발색이 잘 되기 때문에 이쑤시개를 이용하거나 스푼에 덜어 조금씩 넣어가며 색을 내야 해요.

6 나머지 비누액도 차례대로 붓는다.

7 납작한 납작한 막대 등으로 종이컵 한쪽을 받친다. 종이컵을 기울이면 자연스러운 마블 효과를 낼 수 있다.

8 비누가 완전히 굳으면 종이컵에서 분리한다.

원석 모양으로 다듬기

9 곡선이 남지 않도록 넓은 면으로 깎아내고 군데군데 작은 각을 표현해 원석 모양을 만든다.

보관하기

10 남은 것은 밀봉해 보관한다.

허브 루파 비누

천연 수세미 루파로 독특한 비누를 만들어보세요. 루파를 비누 속에 넣으면 거품이 풍성해지고 각질 제거에도 효과적이랍니다. 천연 스크럽제로 써도 좋고 드라이 허브로 멋을 내 욕실 오브제로 활용해도 좋아요.

재료 (150g* 3개)

비누액
투명 비누 베이스 470g
꿀 5g
동백 오일 5g

에센셜 오일
로즈제라늄 에센셜 오일 5mL

기타 첨가물
루파 3개
드라이 허브 적당량
에탄올 적당량

마끈

··· 디자인 스케치

투명 비누액 470mL
···›투명 비누 베이스 470g, 드라이 허브 적당량

루파 3개

루파 준비하기

1 루파를 적당한 크기로 잘라 몰드 안에 넣는다.

비누액 만들기

2 투명 비누 베이스를 깍둑썰기한 뒤 중탕해 녹인다.

3 녹인 비누 베이스에 꿀과 동백 오일을 넣고 섞는다.

4 비누액 온도가 50℃ 정도로 떨어지면 에센셜 오일과 드라이 허브를 넣어 섞는다.

몰드에 부어 모양 잡기

5 루파를 넣은 몰드에 에탄올을 뿌린다.

> **tip**
>
> 루파를 에탄올에 충분히 적시면 원하는 크기로 만들 수 있어요.

6 몰드에 드라이 허브 넣은 비누액을 붓는다.

7 비누액 위에 에탄올을 뿌려 기포를 없앤다.

손잡이 만들기

8 비누가 완전히 굳으면 몰드에서 분리한 다음 마끈으로 손잡이를 만든다.

보관하기

9 남은 것은 밀봉해 보관한다.

레드마블 비누

대리석처럼 고급스러운 느낌이 나는 비누예요. 투명 비누 베이스를 사용하면 CP 비누와는 다른 느낌의 마블 효과를 낼 수 있어요. 같은 색으로 만들어도 사람에 따라 다른 모양이 나오니 가족이나 친구와 함께 만들어보세요.

재료 (100g* 5개)

비누액
투명 비누 베이스 320g
흰색 비누 베이스 220g
글리세린 5g
시어버터 5g

에센셜 오일
로즈우드 에센셜 오일 5mL

색 첨가물
하늘색 식용색소 조금
분홍색 식용색소 조금
빨간색 식용색소 조금

기타 첨가물
에탄올 적당량

··· 디자인 스케치

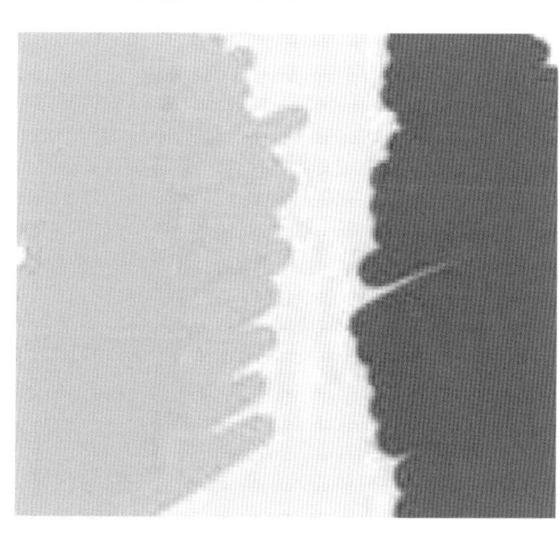

하늘색 비누액 100mL
··· 흰색 비누 베이스 100g, 시어버터 · 글리세린 · 로즈우드 에센셜 오일 각 1g씩, 하늘색 식용색소 조금

분홍색 비누액 100mL
··· 흰색 비누 베이스 100g, 시어버터 · 글리세린 · 로즈우드 에센셜 오일 각 1g씩, 분홍색 식용색소 조금

빨간색 비누액 300mL
··· 투명 비누 베이스 300g, 시어버터 · 글리세린 · 로즈우드 에센셜 오일 각 3g씩, 빨간색 식용색소 조금

비누액 만들기

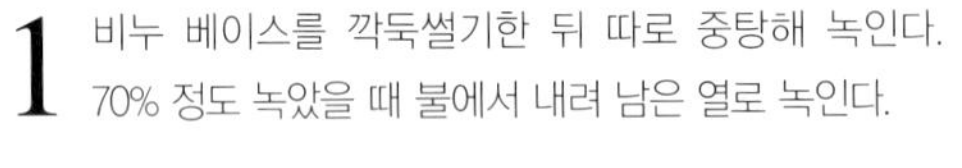

1 비누 베이스를 깍둑썰기한 뒤 따로 중탕해 녹인다. 70% 정도 녹았을 때 불에서 내려 남은 열로 녹인다.

2 디자인 스케치를 참고해 비누액을 3가지로 나누고 시어버터와 글리세린, 식용색소를 넣어 섞는다.

> tip
>
> · 버터류는 따로 가열할 필요 없이 녹인 비누액에 넣어 잔열로 녹여도 돼요.
>
> · 비누 베이스는 투명한 것과 흰색 두 가지를 사용해야 대비가 또렷하게 나타나는 마블링을 표현할 수 있어요.

몰드에 부어 모양내기

3 몰드에 에탄올을 뿌려 소독한다.

4 빨간색 비누액 절반을 몰드에 붓는다.

5 비커를 양옆으로 움직이며 분홍색 비누액을 붓는다.

6 연보라색 비누액도 같은 방법으로 붓는다.

7 중간중간 에탄올을 뿌려 기포를 없앤다.

8 남은 빨간색 비누액을 모두 붓는다.

건조해 자르기

9 2시간 이상 굳힌 뒤 비누를 원하는 크기로 자른다.

보관하기

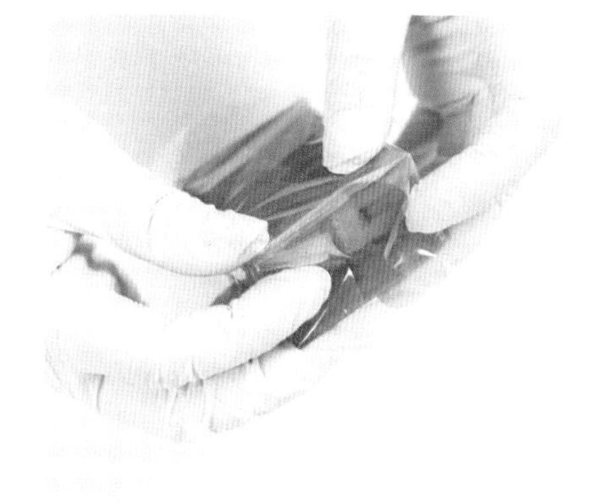

10 남은 것은 밀봉해 보관한다.

푸딩 비누

몰드를 이용해 다양한 모양의 MP 비누를 만들어보세요. 맛있어 보이는 푸딩부터 귀여운 동물까지 여러 가지 모양으로 만들면 선물뿐만 아니라 실내 소품으로도 활용할 수 있어요. 모양에 어울리는 색과 향을 추가하는 것도 잊지 마세요.

재료 (60g* 4개)

비누액

흰색 비누 베이스 260g
글리세린 3g
호호바 오일 3g

에센셜 오일

만다린 에센셜 오일 3mL

색 첨가물

노란색 식용색소 조금
분홍색 식용색소 조금

기타 첨가물

에탄올 적당량

··· 디자인 스케치

노란색 비누액 80mL
··· 흰색 비누 베이스 80g, 호호바 오일 · 글리세린 · 만다린 에센셜 오일 각 1g씩, 노란색 식용색소 조금

분홍색 비누액 80mL
··· 흰색 비누 베이스 80g, 호호바 오일 · 글리세린 · 만다린 에센셜 오일 각 1g씩, 분홍색 식용색소 조금

흰색 비누액 80mL
··· 흰색 비누 베이스 80g, 호호바 오일 · 글리세린 · 만다린 에센셜 오일 각 1g씩

비누 베이스 녹이기

1 흰색 비누 베이스를 깍둑썰기한 다음 비커에 담아 녹인다. 70% 정도 녹았을 때 불에서 내려 남은 열로 녹인다.

노란색 비누액 몰드에 붓기

2 디자인 스케치를 참고해 노란색 비누액을 만든다.

3 몰드에 에탄올을 뿌려 소독한다.

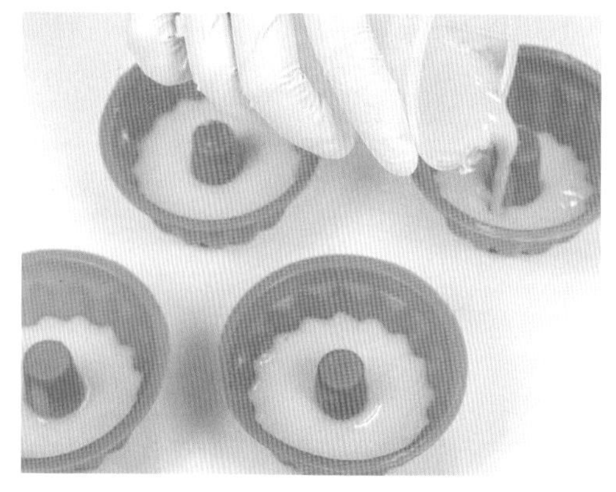

4 몰드에 노란색 비누액을 나눠 붓는다.

5 비누액 표면에 에탄올을 뿌려 기포를 없앤다.

분홍색 비누액 몰드에 붓기

6 디자인 스케치를 참고해 분홍색 비누액을 만든다.

7 노란색 비누액이 어느 정도 굳으면 분홍색 비누액을 붓는다.

8 비누액 표면에 에탄올을 뿌려 기포를 없앤다.

흰색 비누액 몰드에 붓기

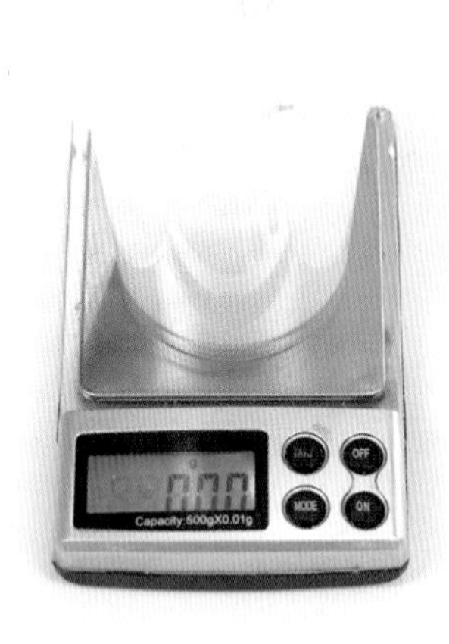

9 마지막 비누액에 글리세린, 호호바 오일, 에센셜 오일을 각 1g씩 넣는다.

10 분홍색 비누액이 어느 정도 굳으면 흰색 비누액을 붓는다.

11 비누액 위에 에탄올을 뿌려 기포를 없앤다.

건조하기

12 2시간 이상 굳힌 뒤 몰드에서 분리한다.

tip

MP 비누는 비누액 온도가 높기 때문에 몰드에 붓기 직전 첨가물을 넣어야 효능을 최대한 살릴 수 있어요. 특히 에센셜 오일은 비누액이 최대한 식었을 때 넣어야 향이 날아가지 않아요.

보관하기

13 남은 것은 밀봉해 보관한다.

해안가의 달

다양한 기법을 사용해 MP 디자인 비누를 만들어보세요. 투명 비누 베이스로 푸른 바다와 달을 표현하면 독특한 느낌의 디자인 비누를 만들 수 있어요. 색을 내는 데 사용한 청대와 호두껍질 분말은 각질 제거 효과가 있어 매끄러운 피부로 가꿀 수 있어요.

재료

비누액

흰색 비누 베이스 880g
투명 비누 베이스 170g
글리세린 10g
녹차씨 오일 10g

에센셜 오일

유칼립투스 에센셜 오일 4mL

색 첨가물

청대 분말 1.5g
호두껍질 분말 1.5g

속비누 재료

비누 베이스 90g
글리세린 1g
보라색 식용색소 조금
달 모양 몰드

기타 첨가물

에탄올 적당량

··· 디자인 스케치

연갈색 비누액 150mL
··· 흰색 비누 베이스 150g, 녹차씨 오일 · 글리세린 · 유칼립투스 에센셜 오일 · 호두껍질 각 1.5g씩

파란색 비누액 150mL
··· 투명 비누 베이스 170g, 녹차씨 오일 · 글리세린 · 유칼립투스 에센셜 오일 · 청대 분말 각 1.5g씩

흰색 비누액 700mL
··· 흰색 비누 베이스 700g, 녹차씨 오일 · 글리세린 · 유칼립투스 에센셜 오일 각 7g씩

달 모양 속비누
··· 투명 비누 베이스 90g, 보라색 식용색소 조금

속비누 만들기

1 투명 비누 베이스를 중탕해 녹인 뒤 색 첨가물을 넣는다.

2 좋아하는 에센셜 오일을 넣어 고루 섞는다.

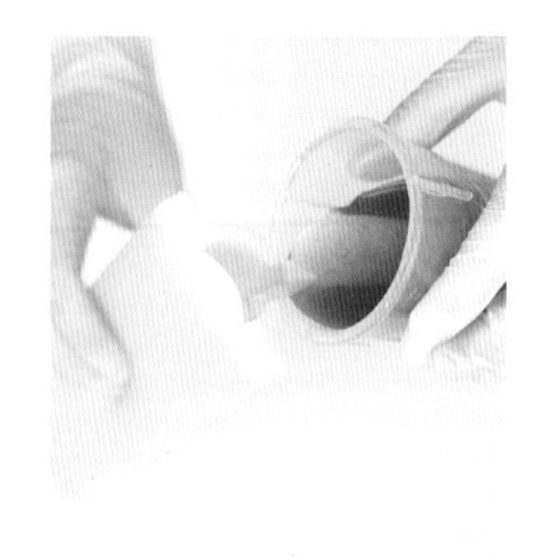

3 몰드에 붓고 2시간 이상 굳힌다.

비누액 만들기

4 투명 비누 베이스를 깍둑썰기한 다음 비커에 담아 녹인다. 70% 정도 녹았을 때 불에서 내려 남은 열로 녹인다.

tip

· 달 모양 속비누의 색을 낼 때는 이쑤시개를 사용해 아주 조금만 넣으세요.

· 속비누를 넣을 때 흰색 비누액 표면이 살짝 굳은 다음, 달 모양 속비누를 반쯤 담가 굳혀야 달이 가라앉지 않아요.

5 디자인 스케치를 참고해 연갈색 비누액을 만든다.

6 뚜껑을 몰드 아래에 받쳐 기울인 뒤 몰드에 에탄올을 뿌려 소독한다

7 소독한 몰드에 연갈색 비누액을 붓는다.

8 에탄올을 뿌려 기포를 없앤다.

9 디자인 스케치를 참고해 비누액을 파란색 비누액을 만든다.

10 연갈색 비누액이 70% 정도 굳으면 파란색 비누액을 붓고 에탄올을 뿌려 기포를 없앤다.

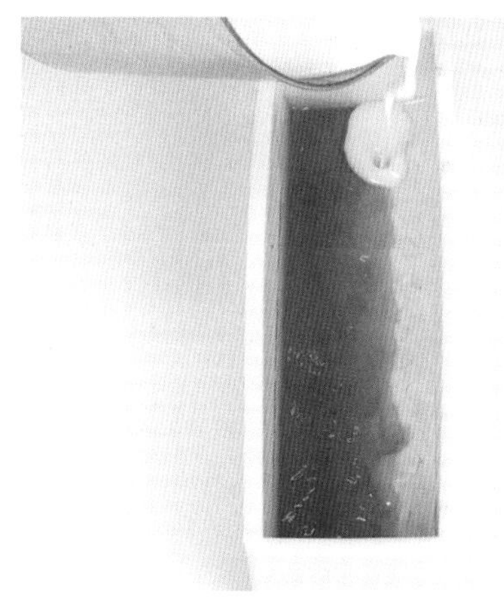

11 파란색 비누액이 70% 정도 굳으면 흰색 비누액을 1/4 정도 붓는다.

12 달 비누를 몰드 크기에 맞게 자른다.

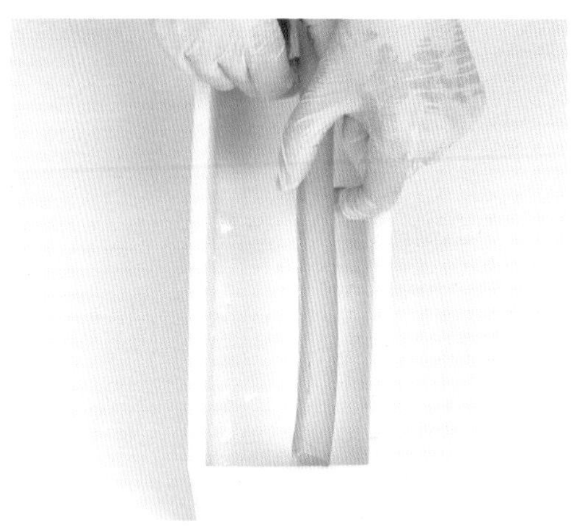

13 흰색 비누액을 눌러봐서 표면이 살짝 굳었다면 달 비누를 올린다.

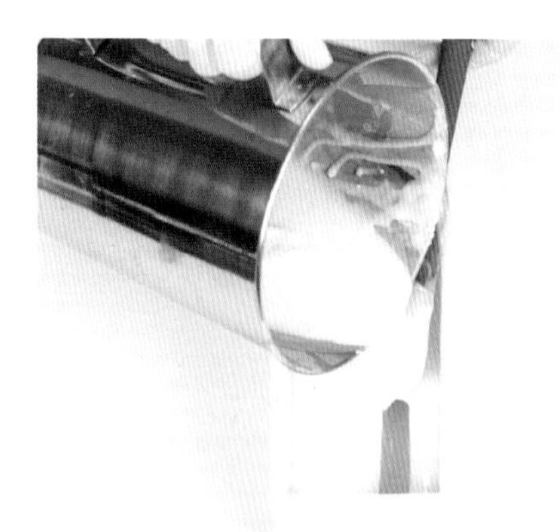

14 달 비누와 흰색 비누액이 어느 정도 굳으면 남은 비누액을 모두 붓는다.

건조해 자르기

15 비누액 위에 에탄올을 뿌려 기포를 없앤 뒤 몰드 뚜껑을 닫아 굳힌다.

PART 5
입욕제

각질과 노폐물을 제거해 피부를 부드럽게 해주는 배스밤, 배스 솔트, 버블바. 이제까지 사서 썼던 입욕제를 저렴한 비용으로 간단하게 만들어 보세요.

하루의 피로를 씻어주는 입욕제

지친 몸과 마음에 특별한 휴식을 선물하는 입욕제. 이젠 저렴한 비용으로 직접 만들어보세요. 만드는 법도 간단해요. 몇 가지 재료를 준비해 섞고 틀을 이용해 뭉치면 완성이에요. 기본 레시피에 좋아하는 향과 색을 더해도 좋아요. 러쉬보다 예쁘고 직접 만들어 더 특별한 나만의 입욕제로 하루의 피로를 말끔하게 씻어내세요.

입욕제의 종류

• 배스밤 (Bath Bomb)

물에 녹아 발포하는 탄산형 입욕제. 탄산수소나트륨, 옥수수전분 등 가루재료에 약간의 수분을 더해 반죽한 뒤 몰드에 압축시켜 만든다. 피부를 유연하게 가꿔주고 피로와 불면증을 해소하며, 신경통 및 통증을 완화한다.

* 적정 사용량(욕조 200L 기준) 전신욕 100g / 반신욕 70g / 족욕 30g 이상

• 배스 솔트 (Bath Salt)

소금에 원하는 색과 향을 입혀 사용하는 입욕제. 소금에 함유된 미네랄 성분이 혈액순환과 노폐물 배출을 돕는다. 손으로 적당량 덜어 물기 있는 피부에 부드럽게 마사지해 천연 각질 제거제로 사용해도 좋다.

* 적정 사용량(욕조 200L 기준) 전신욕 · 반신욕 40g / 족욕 10g 이상

• 버블바 (Bubble Bar)

풍성한 거품을 만들어주는 입욕제. 욕조의 물을 받을 때 수압으로 녹여 사용하며 풍성한 거품이 막을 형성해 목욕하는 동안 목욕물의 온도가 따뜻하게 유지되도록 돕는다.

* 적정 사용량(욕조 200L 기준) 100g 이상

한눈에 보는 입욕제 만들기

1 가루재료 섞기

천연분말을 제외한 가루재료를 계량한 뒤 주걱을 이용해 가볍게 섞는다.

2 액체재료 섞기

에센셜 오일을 포함한 액체재료를 계량해 비커에 넣고 섞는다.

3 가루재료와 액체재료 섞기

가루재료에 액체재료를 넣어 골고루 섞는다.

4 색 내기

천연분말이나 식용색소 등 색 첨가물을 넣고 섞는다.

5 점도 맞추기

스프레이 용기에 위치하젤 워터를 담아 조금씩 뿌려 점도를 맞춘다.

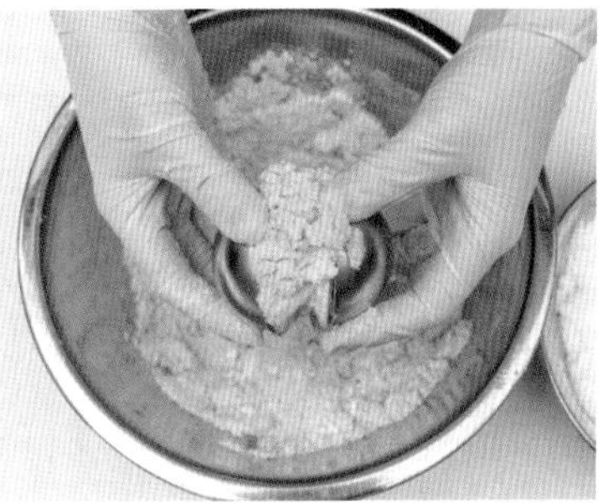

6 틀에 넣어 모양 만들기

양쪽 틀에 입욕제를 넘치게 담은 뒤 틀을 합친다.

7 분리시키기

배스밤이 몰드에서 잘 떨어지도록 틀을 손끝으로 톡톡 친다.

8 벗겨내기

한쪽 틀씩 조심스럽게 벗긴다.

9 건조하기

3시간 정도 건조한 뒤 사용한다. 남은 것은 밀봉해 보관한다.

입욕제 만드는 데 필요한 재료

입욕제는 피부 오염과 피지 등을 제거하는 계면활성화제와 산도조절제, 오일과 물이 잘 섞이도록 돕는 유화제, 입욕제에 개성을 입히는 색소와 향료로 구성돼요. 각 재료가 조화롭게 기능해야 효과 좋은 입욕제가 된답니다. 각 재료가 어떤 쓰임새가 있고 내 피부에 어떤 효과를 주는지 알아볼까요?

산도조절제

베이킹소다(탄산수소나트륨) | 약알칼리성 물질로 산성인 구연산과 만나 피부에 붙은 오염이나 기름을 녹이고 입욕제의 산도를 조절한다. 또한 탄산가스를 발생시켜 혈액순환에 도움을 준다. 중조라고도 한다.

무수구연산 | 신맛이 나는 감귤류에서 추출한 물질로 입욕제에 넣으면 pH 수치를 낮춘다. 약산성화된 물은 세균을 없애고 각질을 녹여 피부를 매끄럽게 한다.

혼합산 | 구연산, 주석영, 사과산 등 유기산이 혼한된 가루로, 입욕제의 산도를 조절하고 안정적인 중화반응을 일으키는 역할을 한다. 버블바를 만들 때 주로 사용한다.

계면활성화제

소듐라우릴설포아세테이트(SLSA) | 코코넛 오일과 팜 오일에서 추출한 천연 계면활성제로, 화학 계면활성제에 비해 피부 자극이 적어 입욕제에서 많이 사용된다. 세정력을 높이고 조밀한 거품을 만드는 역할을 한다.

코코베타인 | 코코넛 오일에서 추출한 천연 계면활성제로, 피부를 부드럽게 가꿔주고 입욕제의 세정력을 높인다. 다른 천연 계면활성제보다 풍성한 거품을 낼 수 있어 자주 쓰인다.

유화제

올리브 리퀴드 | 올리브오일에서 얻어진 천연 유화제로, 입욕제 재료로 쓰인 오일과 물이 잘 섞이도록 돕는다.

다양한 몰드로 입욕제 만들기

입욕제는 손으로도 충분히 모양을 낼 수 있지만 여러 가지 몰드를 갖춰두면 더 예쁘게 만들 수 있어요. 가장 많이 쓰이는 구형 몰드부터 과일, 꽃, 동물 모양 등 다양한 몰드를 갖춰보세요. 즐거운 목욕 시간을 만들어줄 뿐 아니라 소중한 사람을 위한 특별한 선물로도 좋아요.

보습제

옥수수전분 (콘스타치) | 옥수수 종자에서 추출한 녹말로 입욕제에서는 수용성 점증제로 쓰인다. 노폐물을 흡수하는 효과가 뛰어나며 비타민 E 성분이 풍부해 노화 방지에도 효과가 있다.

식물성 오일 | 식물의 씨앗이나 과육 등에서 추출한 오일로 피부 자극이 없거나 적고 불포화지방을 다량 함유하여 피부를 촉촉하게 만든다. 캐리어 오일이라고도 한다.

첨가물 | 향과 색을 더하는 첨가물

향 첨가물 | 에센셜 오일과 인공향료(프래그런스 오일)이 있다. 인공향료을 사용하면 풍부한 향을 낼 수 있다. 에센셜 오일은 인공향료보다 향이 약하지만 아로마테라피 효과를 기대할 수 있고 피부 자극이 적다.

색 첨가물 | 입욕제에서 주로 식용색소를 사용한다. 조금만 넣어도 색이 진하기 때문에 조금씩 넣으며 원하는 색을 낸다. 입욕제 기준 100g당 식용색소 1~2방울이면 충분하다.

드라이 플라워 배스밤

특별한 날 핑크빛 배스밤으로 로맨틱한 분위기를 연출해보세요. 은은하면서도 묵직한 장미 향은 긴장과 스트레스를 풀어주고 관능적인 분위기를 연출해준답니다. 커플 스파용으로 아주 좋은 입욕제예요.

재료 (100g* 4개)

베이스
탄산수소나트륨 250g
무수구연산 120g
옥수수전분 20g

스위트 아몬드 오일 4mL
올리브 리퀴드 1mL

에센셜 오일
로즈제라늄 에센셜 오일 2mL
로즈우드 에센셜 오일 2mL

색 첨가물
분홍색 식용색소 조금

기타 첨가물
위치하젤 워터 적당량
드라이 플라워 적당량

··· 디자인 스케치

흰색 가루 200g
··· 베이스 200g

분홍색 가루 200g
··· 베이스 200g, 분홍색 식용색소 조금

드라이 플라워 적당량

베이스 만들기

1 베이킹 소다, 무수구연산, 옥수수전분을 볼에 넣고 주걱을 이용해 고루 섞는다.

2 ①에 스위트 아몬드 오일, 올리브 리퀴드, 에센셜 오일을 넣어 섞는다.

3 디자인 스케치를 참고해 베이스를 2가지로 나누고 색 첨가물을 넣어 색을 낸다.

4 분홍색 가루에 위치하젤 워터를 뿌려 손으로 쥐었을 때 뭉쳐질 정도로 반죽한다.

5 흰색 가루에도 위치하젤 워터를 뿌려 분홍색 가루와 비슷한 점도로 반죽한다.

tip

드라이 플라워가 너무 많거나 꽃잎 조각이 너무 크면 잘 뭉쳐지지 않고 가루 속에서 분리될 수 있어요.

모양 잡기

6 몰드에 드라이 플라워를 조금 담는다.

7 분홍색 가루를 넣어 틀에 1/3 정도 채운다.

8 분홍색 가루 위로 흰색 가루를 담고 다시 분홍색 가루를 넘치도록 담는다. 반대편 몰드도 같은 방법으로 채운다.

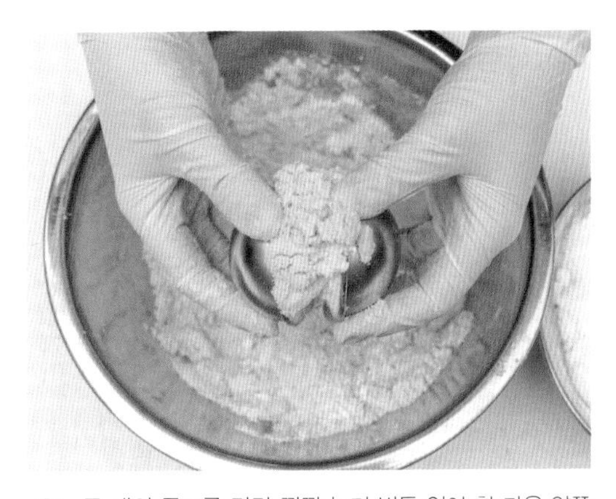

9 두 개의 몰드를 각각 꽉꽉 눌러 빈틈 없이 한 다음 양쪽을 합친다.

10 손끝으로 틀을 톡톡 쳐서 배스밤이 잘 떨어지게 한 다음 몰드를 하나씩 조심스럽게 분리한다.

건조해 밀봉하기

11 3시간 정도 건조한 뒤 사용한다. 남은 것은 밀봉해 보관한다.

블루 배스밤

푸른 바다를 연상케 하는 배스밤을 만들어보세요. 작은 조개껍질까지 넣으면 이국적인 휴양지에 와있는 듯한 느낌을 준답니다. 시원한 향이 매력적인 유칼립투스와 페퍼민트 에센셜 오일을 넣어 비염을 개선하는 데도 좋아요.

재료 (100g* 4개)

베이스

베이킹소다 250g
무수구연산 120g
옥수수전분 20g

스위트 아몬드 오일 4mL
올리브 리퀴드 1mL

에센셜 오일

유칼립투스 에센셜 오일 2mL
페퍼민트 에센셜 오일 2mL

색 첨가물

파란색 식용색소 2방울

기타 첨가물

위치하젤 워터 적당량
작은 조개껍질 적당량

··· 디자인 스케치

파란색 가루 200g
··· 베이스 200g, 파란색 식용색소 2방울

흰색 가루 200g
··· 베이스 200g

작은 조개껍질 적당량

1 베이킹소다, 무수구연산, 옥수수전분을 볼에 넣고 주걱을 이용해 고루 섞는다.

2 비커에 스위트 아몬드 오일, 올리브 리퀴드, 에센셜 오일을 넣는다.

3 가루재료와 액체재료를 골고루 섞는다.

4 디자인 스케치를 참고해 베이스를 2가지로 나누고 색 첨가물을 넣어 색을 낸다.

5 위치하젤 워터를 조금씩 뿌려가며 점도를 맞춘다.

tip

색 내는 작업이나 섞는 작업이 길어지면 가루재료들이 빠른 속도로 마르기 시작해요. 그럴 땐 위치하젤 워터를 1~2회 정도 뿌려주세요. 다만 위치하젤 워터를 추가해도 처음처럼 촉촉해지지는 않으니 빠른 시간에 완성하는 것이 좋아요.

모양 잡기

6 몰드를 준비해 파란색 가루와 흰색 가루를 번걸아가며 수북하게 담는다.

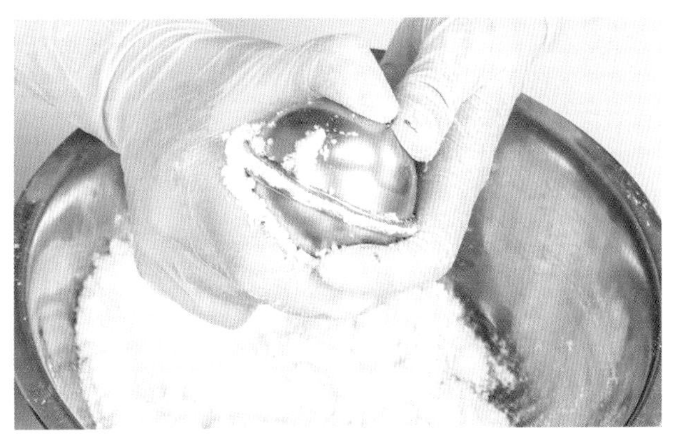

7 양쪽 몰드를 꽉꽉 눌러 빈틈 없이 한 다음 힘껏 눌러서 합친다.

8 손끝으로 틀을 톡톡 쳐 배스밤이 잘 떨어지도록 한다.

9 몰드를 하나씩 조심스럽게 분리한다.

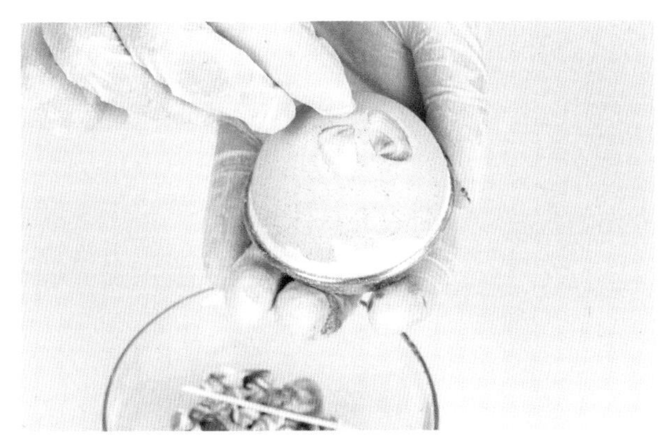

10 배스밤이 굳기 전 조개껍질을 박아 넣어 장식한다.

건조해 밀봉하기

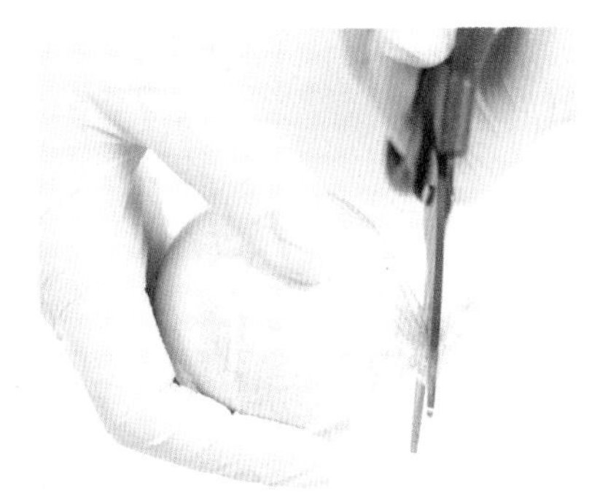

11 3시간 정도 건조한 뒤 사용한다. 남은 것은 밀봉해 보관한다.

몰드 배스밤

아이들이 목욕할 때 다양한 몰드로 만든 귀여운 입욕제를 사용해보세요. 과일이나 동물 등 아이들이 좋아하는 몰드를 준비해 쉽게 만들 수 있어요. 달콤한 향이나 과일 향을 첨가하면 목욕시간이 더 즐거워질 거예요.

재료 (150g* 2개)

베이스

베이킹소다 200g
무수구연산 100g
옥수수전분 10g

스위트 아몬드 오일 3mL
올리브 리퀴드 0.5mL

에센셜 오일

레몬 에센셜 오일 3mL

색 첨가물

노란색 식용색소 2방울
초록색 식용색소 2방울

기타 첨가물

위치하젤 워터 적당량

··· 디자인 스케치

1 베이킹소다, 무수구연산, 옥수수전분을 볼에 넣고 주걱을 이용해 고루 섞는다.

2 ①에 스위트 아몬드 오일, 올리브 리퀴드, 레몬 에센셜 오일을 넣는다.

3 손으로 골고루 비벼 골고루 섞는다.

4 디자인 스케치를 참고해 재료를 2가지로 나누어 담은 뒤 식용색소를 넣어 색을 낸다.

5 위치하젤 워터를 조금씩 뿌려가며 점도를 맞춘다.

tip

식용색소를 한 방울씩 넣어가면서 색을 확인하세요. 식용색소는 발색이 좋기 때문에 1~4방울만 써도 충분히 진한 색을 낼 수 있어요.

몰드에 넣어 모양내기

6 준비한 몰드에 가루를 수북하게 담는다.

7 스크래퍼로 가루를 꾹꾹 눌러 담는다.

8 스크래퍼로 남은 가루를 긁어낸다.

9 윗면을 한 번 더 눌러 가루를 단단하게 압축시킨다.

10 몰드 테두리를 손으로 꼼꼼히 눌러 정리한다.

건조해 밀봉하기

11 3시간 정도 건조한 뒤 사용한다. 남은 것은 밀봉해 보관한다.

멘톨 족욕제

피곤한 발에 휴식을 주는 데 족욕만 한 것이 없어요. 멘톨을 넣어 발에 땀이 많이 나는 여름철에 사용하기에도 좋아요. 피로에 지친 가족을 위해 우리 집만의 족욕제를 만들어보세요.

재료 (120g* 10개)

베이스
베이킹소다 60g
무수구연산 30g
옥수수전분 30g

멘톨 2g

에센셜 오일
스피어민트 에센셜 오일 1mL
페퍼민트 에센셜 오일 1mL

색 첨가물
파란색 식용색소 조금
연두색 식용색소 조금

기타 첨가물
위치하젤 워터 적당량
굵은 소금 적당량

··· 디자인 스케치

민트색 가루 120g
··· 베이스 120g, 파란색 식용색소 · 연두색 식용색소 조금씩

멘톨 2g

굵은 소금 적당량

1 베이킹소다, 무수구연산, 옥수수전분을 계량해 볼에 넣는다.

2 에센셜 오일을 계량해 비커에 담는다.

3 에센셜 오일을 30℃ 정도로 데운 뒤 멘톨을 넣는다.

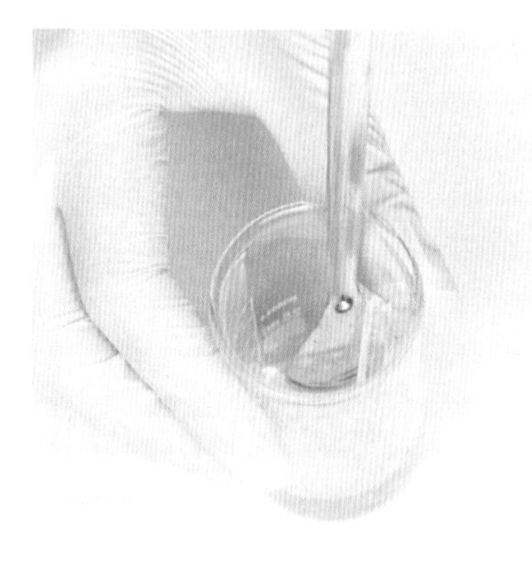

4 멘톨이 완전히 녹을 때까지 충분히 저어준다.

5 ①의 가루재료에 멘톨 넣은 에센셜 오일을 넣는다.

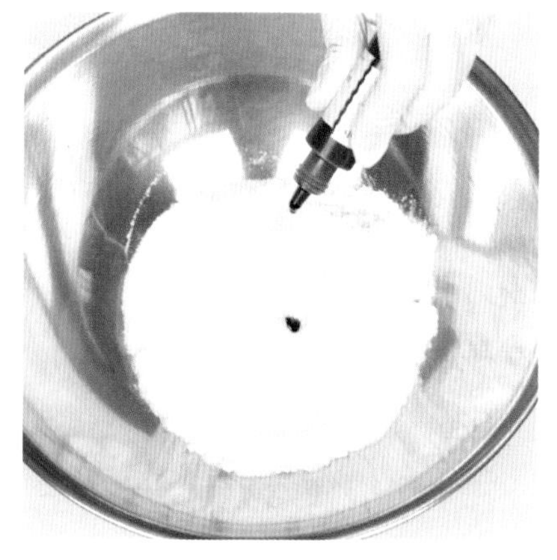

6 식용색소를 조금씩 넣어가며 원하는 색을 낸다.

7 위치하젤 워터를 조금씩 뿌려가며 점도를 맞춘다.

몰드에 담아 모양 잡기

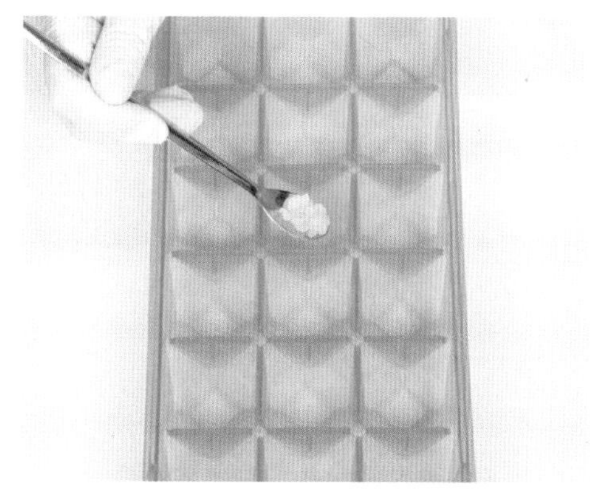

8 몰드를 준비해 소금을 조금씩 담는다.

> **tip**
>
> 너무 굵은 소금을 넣으면 족욕제와 분리되기 쉽고, 소금의 양이 너무 많으면 입욕제에 붙어있지 못하고 떨어질 수 있어요. 적당한 크기의 굵은 소금을 조금만 넣는 것이 좋아요.

9 몰드에 가루를 수북하게 담는다.

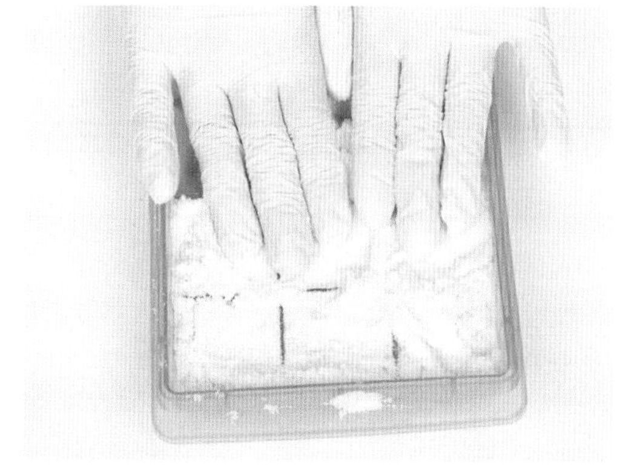

10 가루가 단단하게 뭉쳐질 때까지 손으로 힘주어 누른다.

건조하기

11 조심스럽게 뒤집어 몰드와 분리한 다음 3시간 이상 건조해 사용한다.

밀봉하기

12 남은 것은 밀봉해 보관한다.

배스 솔트

배스 솔트는 각질과 노폐물을 제거하고 혈액순환을 도와 피로를 푸는 데 효과적인 입욕제예요. 소금에 좋아하는 향의 에센셜 오일을 섞어 누구나 쉽게 만들 수 있어요. 간단한 방법으로 온천욕 효과를 누려보세요.

재료 (200g)

사해 소금 200g

에센셜 오일

로즈메리 에센셜 오일 1mL
라벤더 에센셜 오일 1mL

기타 첨가물

에탄올 적당량
라벤더 드라이 플라워 10g

색 첨가물

로즈메리 분말 2g

··· 디자인 스케치

사해 소금 200g
··· 사해 소금 200g, 로즈메리 분말 2g

라벤더 드라이 플라워 10g

1 볼에 소금을 담는다.

2 로즈메리 분말을 계량해 넣는다.

3 로즈메리 에셀셜 오일과 라벤더 에센셜 오일을 넣는다.

4 에탄올을 스프레이 용기에 담아서 2~3번 뿌려 물기를 머금게 한다.

5 스푼으로 재료를 골고루 섞어 에탄올을 모두 날린다.

6 라벤더 드라이 플라워를 넣어 섞는다.

용기에 담아 보관하기

7 밀폐용기에 담아 서늘한 곳에서 보관한다.

tip

· 배스 솔트는 향이 날아가기 전에 사용하는 것이 좋아요.
· 로즈메리 분말 대신 보습 효과가 뛰어난 오트밀 분말이나 염증 효과 뛰어난 어성초 분말을 넣어도 좋아요.

쿠키 버블바

풍성한 거품과 색으로 욕조를 채워주는 버블바를 집에서 간단히 만들어보세요. 좋아하는 색과 향을 섞어 반죽하고 쿠키틀로 찍어내기만 하면 돼요. 피부에 좋은 오일을 추가하면 촉촉하고 부드러운 피부를 가꿀 수 있어요.

재료 (70g* 7개)

베이스

베이킹소다 250g
혼합산 100g
옥수수전분 30g
SLSA 50g

스위트 아몬드 오일 20mL
코코베타인 50mL

에센셜 오일

만다린 에센셜 오일 5mL

색 첨가물

분홍색 식용색소 1방울
파란색 식용색소 1방울

··· 디자인 스케치

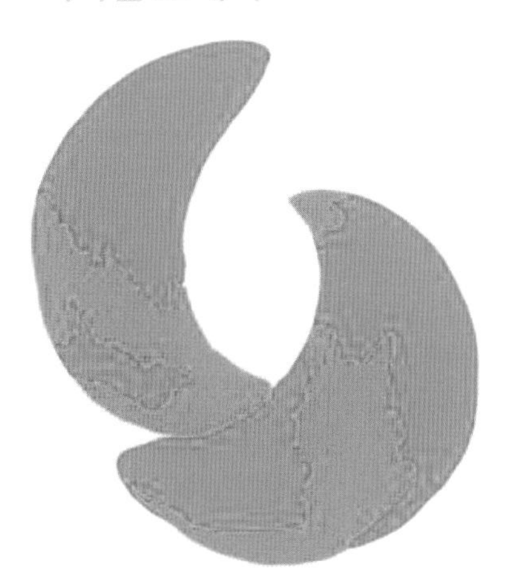

● 분홍색 반죽 250g
··· 반죽 250g, 분홍색 식용색소 1방울

● 민트색 반죽 250g
··· 반죽 250g, 초록색 식용색소 1방울

반죽하기

1 베이킹소다, 혼합산, 옥수수전분, SLSA를 볼에 담아 골고루 섞는다.

2 비커에 코코베타인, 스위트 아몬드 오일 넣어 계량한다.

3 계량한 액체재료에 만다린 에센셜 오일을 넣어 잘 섞는다.

4 가루재료가 담긴 볼에 액체재료를 넣고 고루 섞는다..

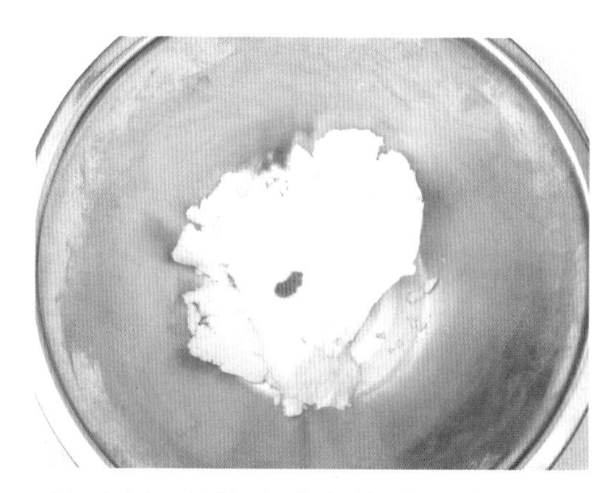

5 디자인 스케치를 참고해 반죽을 2가지로 나누고 식용색소를 넣어 색을 낸다.

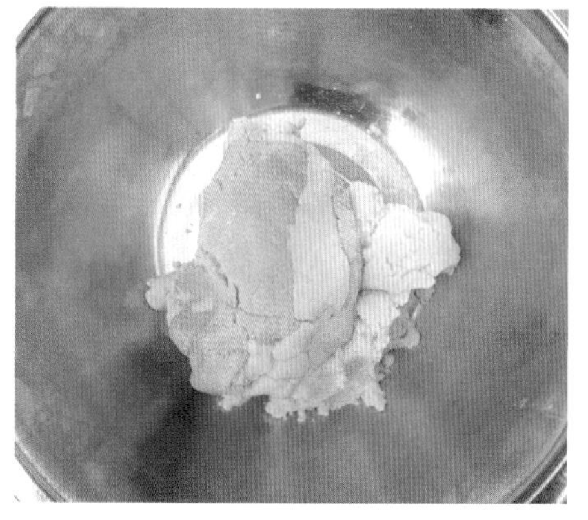

6 두 가지 반죽을 볼에 넣고 가볍게 뭉친다.

쿠키틀로 모양 내기

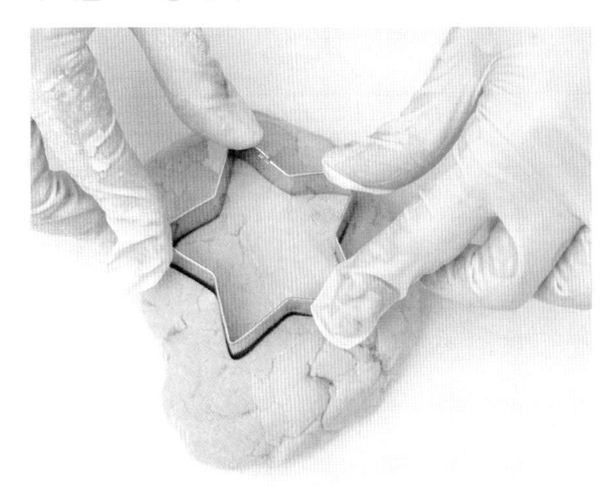

7 반죽을 1.5cm 정도 두께로 편 다음 준비한 쿠키틀로 찍는다.

tip

반죽이 달라붙는다면 쿠키틀에 식물성 오일이나 옥수수전분을 묻힌 뒤 사용하세요. 풍부한 향을 원한다면 프래그런스 오일을 사용해도 좋아요.

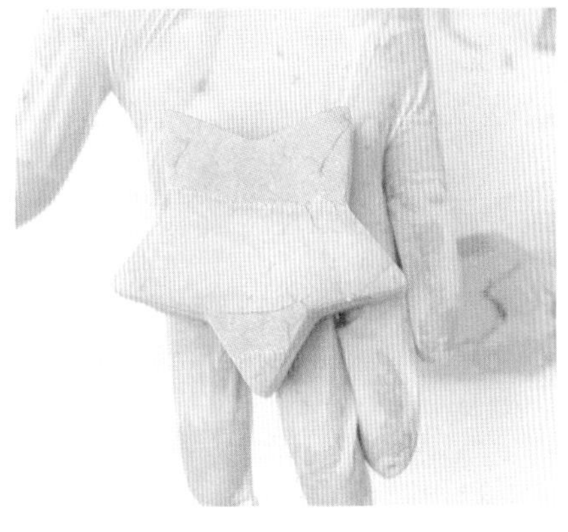

8 반죽 테두리를 깔끔하게 정리한다.

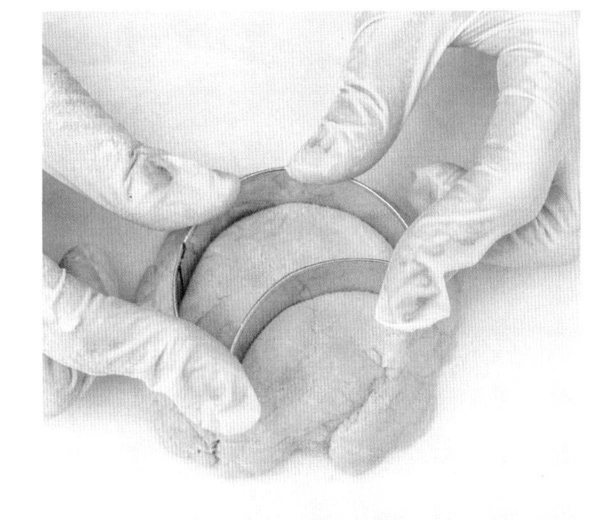

9 남은 반죽을 뭉쳐 다른 버블바를 만든다. 쿠키틀을 사용할 수 없을 정도로 반죽이 작아지면 반죽을 동그랗거나 네모지게 빚는다.

건조해 밀봉하기

10 3시간 정도 건조한 뒤 사용한다. 남은 것은 밀봉해 보관한다.

키위 버블바

키위와 꼭 닮은 버블바로 욕실에 생기를 더하세요. 아이들과 함께 만들면 아이들이 무척 좋아해요. 라임 에센셜 오일을 넣어 상큼함까지 더하면 아이들 목욕용으로도 좋고 귀여운 선물로도 좋은 버블바가 완성돼요.

재료 (70g* 7개)

베이스
탄산수소나트륨 250g
혼합산 100g
옥수수전분 30g
SLSA 50g

코코베타인 50mL
스위트 아몬드 오일 20mL

에센셜 오일
라임 에센셜 오일 5mL

색 첨가물
갈색 식용색소 조금
연두색 식용색소 조금
검정색 식용색소 조금

··· 디자인 스케치

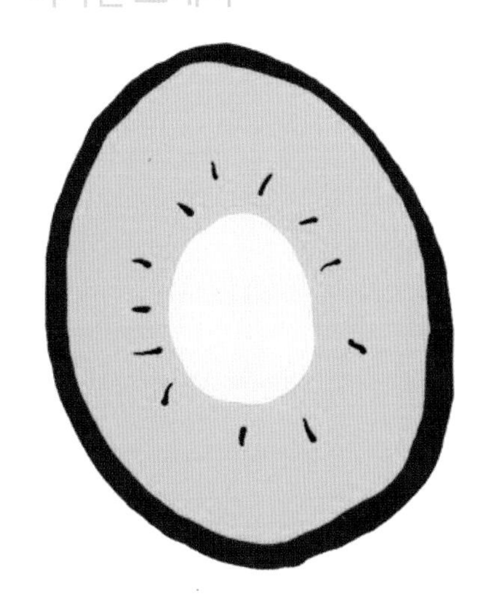

흰색 반죽 70g
···› 반죽 70g

연두색 반죽 280g
···› 반죽 280g, 연두색 식용색소 조금

갈색 반죽 140g
···› 반죽 140g, 갈색 식용색소 조금

검은색 반죽 10g
···› 반죽 10g, 검정색 식용색소 조금

반죽하기

1 탄산수소나트륨, 혼합산, 옥수수전분, SLSA를 볼에 담아 골고루 섞는다.

2 비커에 코코베타인, 스위트 아몬드 오일, 라임 에센셜 오일을 넣어 잘 섞는다.

3 가루재료가 담긴 볼에 액체재료를 넣고 고루 섞는다.

4 디자인 스케치를 참고해 가루를 4개로 소분한 다음 식용색소를 조금씩 넣어가며 반죽한다.

키위 모양 만들기

5 흰 반죽과 연두색 반죽 2개를 작고 동그랗게 빚는다.

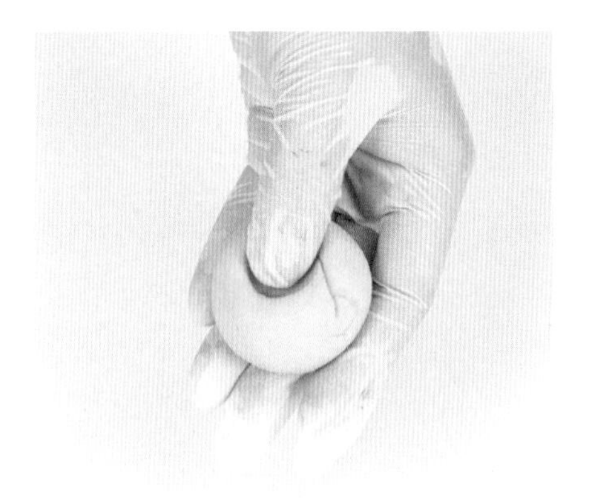

6 엄지손가락으로 연두색 반죽 가운데를 눌러 홈을 판다.

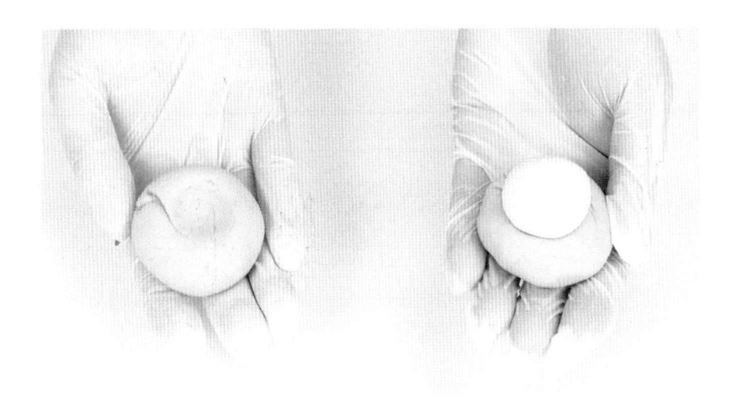

7 홈에 흰 반죽을 눌러 넣는다.

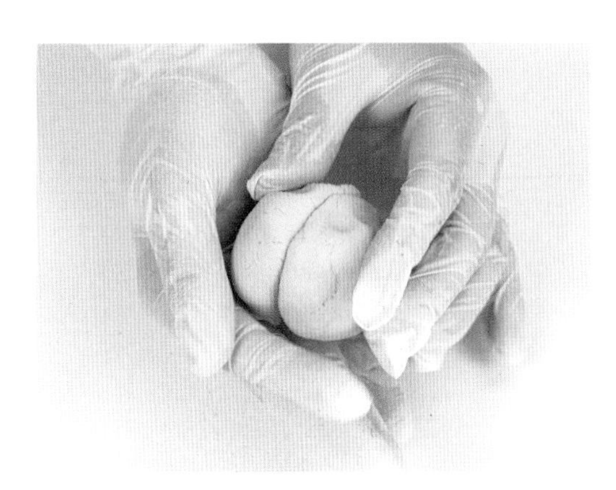

8 나머지 반죽으로 덮어 한 덩어리로 합친다.

9 두 종류의 반죽 사이가 들뜨지 않도록 꼼꼼히 누른다.

10 갈색 반죽은 밀대를 이용해 0.5cm 두께로 민다.

11 얇게 편 갈색 반죽으로 연두색 반죽을 감싼다.

12 겉과 안이 들뜨지 않도록 조심스럽게 눌러 밀착시킨다.

13 완성된 버블바를 칼로 반 자른다.

tip

버블바를 자를 때 톱질하듯이 칼을 위아래로 왔다갔다 하며 썰어야 단면이 뭉개지지 않고 깔끔하게 자를 수 있어요. 한 번에 눌러 자르면 반죽이 눌리고 균열이 생기니 주의하세요.

14 갈색 반죽을 조금씩 떼어서 박아 키위 씨를 표현한다.

건조해 밀봉하기

15 3시간 정도 건조한 뒤 사용한다. 남은 것은 밀봉해 보관한다.

롤케이크 버블바

돌돌 말아서 만드는 롤케이크 모양의 버블바예요. 단순한 방법이지만 여러 가지 색을 조합해 다양한 느낌을 낼 수 있답니다. 계절에 따라 취향에 따라 색을 달리해 나만의 버블바를 만들어보세요.

재료 (70g* 7개)

베이스
베이킹소다 250g
혼합산 150g
옥수수전분 30g
SLSA 50g

스위트 아몬드 오일 20mL
코코베타인 50mL

에센셜 오일
만다린 에센셜 오일 5mL
스피어민트 에센셜 오일 3mL
라벤더 에센셜 오일 2mL

색 첨가물
초록색 식용색소 조금
파랑색 식용색소 조금

··· 디자인 스케치

흰색 반죽 250g
··· 반죽 250g

● 민트색 반죽 250g
··· 반죽 250g, 초록색 식용색소 · 파란색 식용색소 조금씩

반죽하기

1 베이킹소다, 혼합산, 옥수수전분, SLSA를 볼에 담아 골고루 섞는다.

2 비커에 코코베타인, 스위트 아몬드 오일 넣어 계량한다.

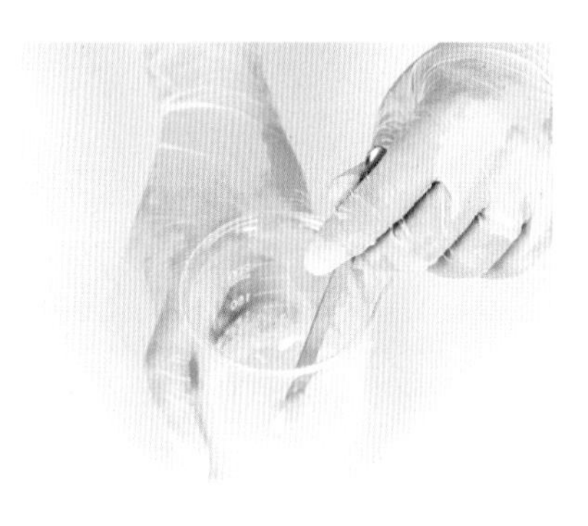

3 ②에 스피어민트 에센셜 오일과 라벤더 에센셜 오일을 넣어 섞는다.

4 가루재료가 담긴 볼에 액체재료를 넣고 고루 섞는다.

5 디자인 스케치를 참고해 반죽을 2가지로 나누고 식용 색소를 넣어 색을 낸다.

롤케이크 모양 만들기

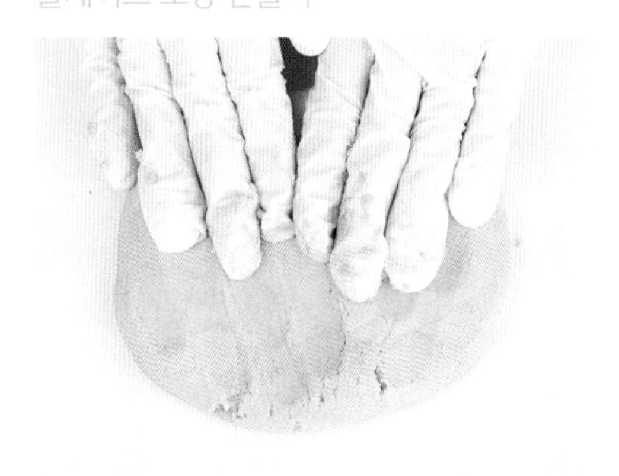

6 각각의 반죽을 손으로 누르거나 밀대로 밀어 0.5~1cm 두께로 편다.

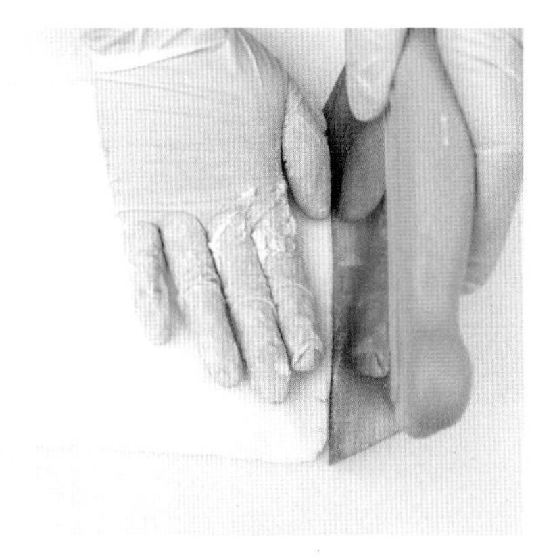

7 스크래퍼로 반죽의 테두리를 잘라 직사각형을 만든다.

8 두 장의 반죽을 1cm 정도 간격을 두고 나란히 겹쳐 놓는다.

9 반죽을 종이호일로 김발처럼 감싸서 김밥 말듯이 돌돌 만다.

건조해 밀봉하기

10 3시간 이상 건조해 사용한다. 남은 것은 밀봉해 보관한다.

> **tip**
>
> 반죽을 겹칠 때 위의 반죽을 1cm 정도 뒤로 밀어야 끝이 밀리지 않게 고른 모양으로 말 수 있어요. 종이호일로 반죽을 말 때는 김밥 말 때처럼 손으로 꼭꼭 눌러가며 말아야 들뜨지 않아요.

바다와 고래 버블바

간단한 방법으로 버블바에 개성을 담아볼까요? 이 레시피에서는 고래 모양 스탬프를 사용해 고래가 헤엄치는 바닷속을 표현했어요. 스탬프 하나로 쉽게 나만의 버블바를 만들 수 있으니 꼭 따라 해보세요.

재료 (70g* 7개)

베이스

베이킹소다 250g
혼합산 100g
옥수수전분 30g
SLSA 50g

스위트 아몬드 오일 20mL
코코베타인 50mL

에센셜 오일

페퍼민트 에센셜 오일 3mL
레몬 에센셜 오일 2mL

색 첨가물

파란색 식용색소 조금

··· 디자인 스케치

흰색 반죽 200g
··· 반죽 200g

파란색 반죽 300g
··· 반죽 300g, 파란색 식용색소 조금

반죽하기

1 베이킹소다, 혼합산, 옥수수전분, SLSA를 볼에 담아 골고루 섞는다.

2 비커에 코코베타인, 스위트 아몬드 오일을 넣고 계량한다.

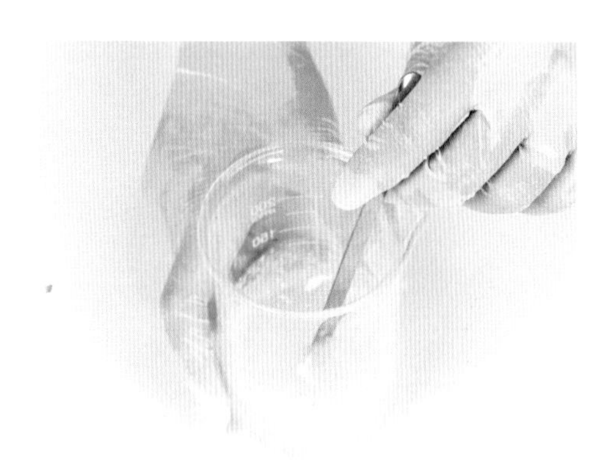

3 ②에 페퍼민트 에센셜 오일과 레몬 에센셜 오일을 넣어 잘 섞는다.

4 가루재료가 담긴 볼에 액체재료를 넣고 고루 섞는다.

5 디자인 스케치를 참고해 반죽을 2가지로 나눈 뒤 색 첨가물을 넣어 색을 낸다.

파도 모양 만들기

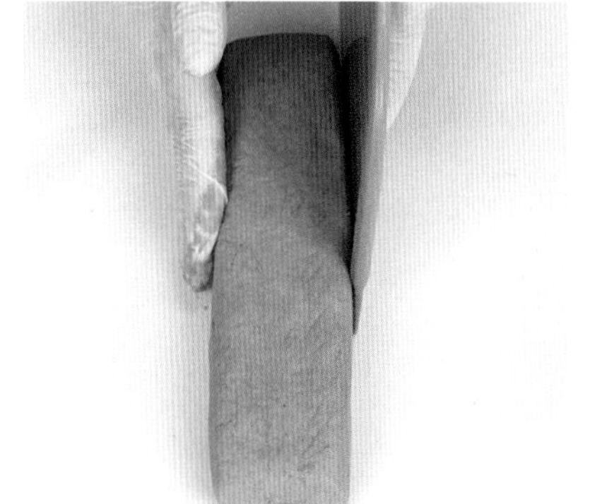

6 파란색 반죽을 길게 뭉친 다음 스크래퍼를 이용해 직사각형으로 만든다.

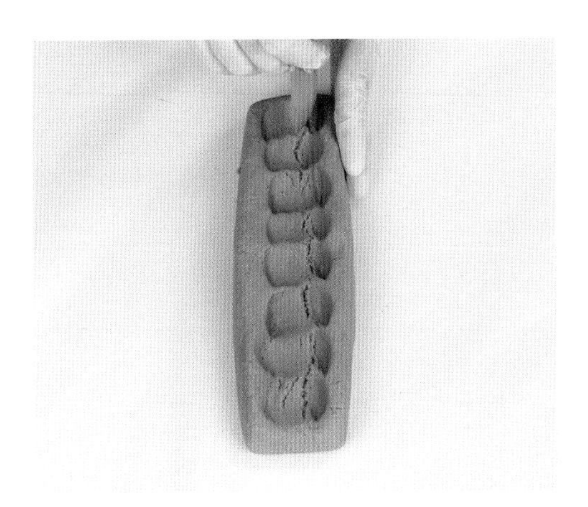

7 스푼 뒷면으로 반죽을 눌러 모양을 낸다.

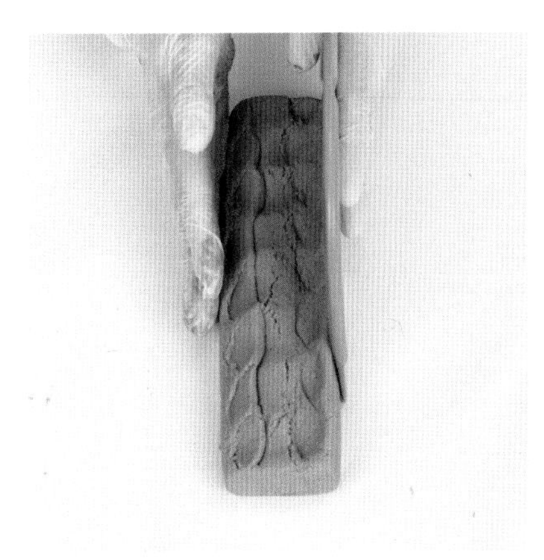

8 스크래퍼를 이용해 흐트러진 반죽의 모양을 반듯하게 잡는다.

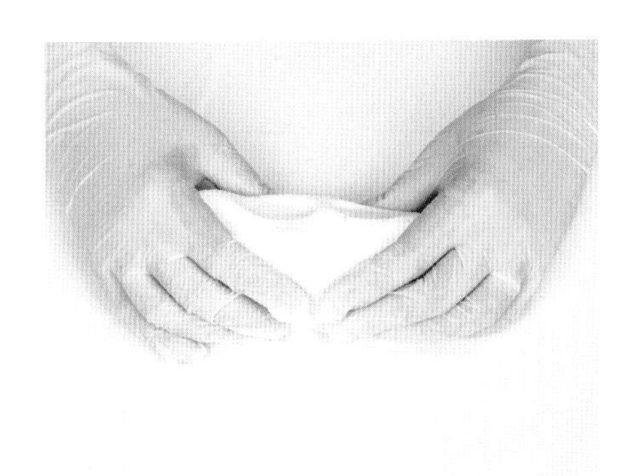

9 흰 반죽을 길게 뭉친 다음 스크래퍼를 이용해 직사각형으로 만든다.

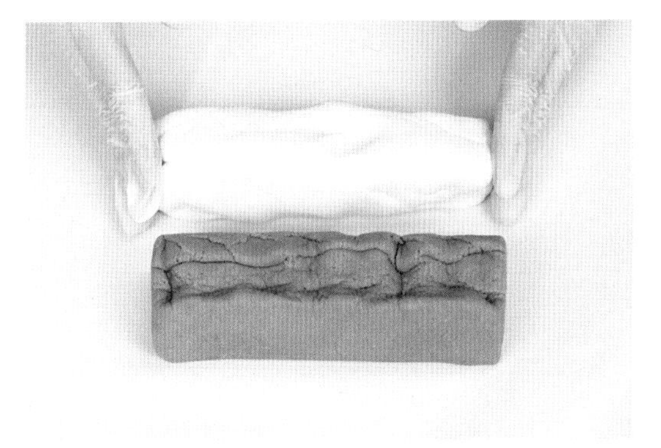

10 파란색 반죽 위에 흰색 반죽을 올려 합친다.

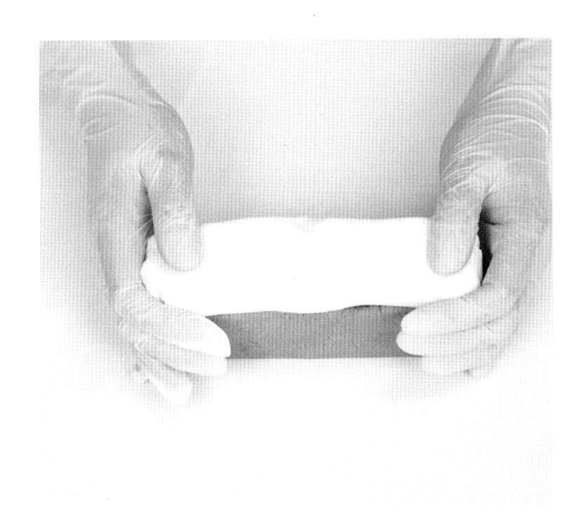

11 반죽끼리 만나는 부분이 들뜨지 않도록 꼼꼼하게 눌러 붙인다.

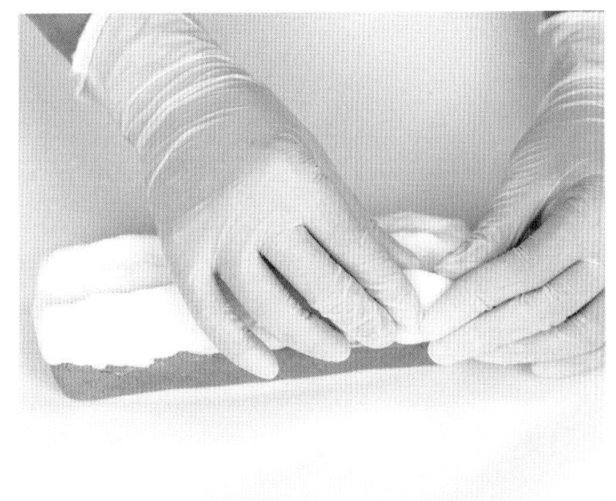

12 흰 반죽 윗면에 스푼과 손으로 파도를 표현한다.

스템프 찍기

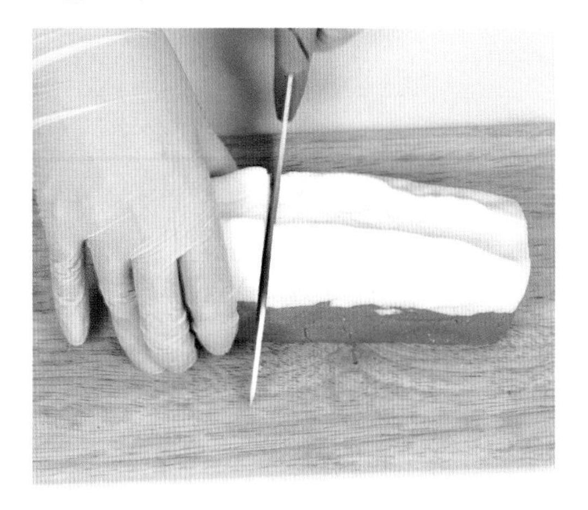

13 칼로 빠르게 지그재그를 그리며 자른다.

14 버블바 위에 스탬프를 조심스럽게 눌러 찍는다.

15 고르지 못한 테두리를 손으로 눌러 정리한다.

건조해 밀봉하기

16 3시간 정도 건조한 뒤 사용한다. 남은 것은 밀봉해 보관한다.

> **tip**
>
> 스탬프를 찍을 때 세게 누르면 버블바가 갈라질 수 있으니 살살 누르는 것이 좋아요.

선물을 돋보이게 하는 비누 포장법

나만의 디자인으로 정성을 다해 만든 비누는 그 어느 것보다 특별한 선물이에요. 직접 만든 비누를 예쁘고 정성스럽게 포장해서 선물해보세요. 주는 이의 마음이 담겨 선물의 가치가 더욱 올라가요. 선물을 돋보이게 하는 센스 만점 포장법을 소개합니다.

• 투명폴리백에 담아 끈으로 묶는다

디자인 비누는 색깔이 예뻐서 투명폴리백에 담아도 돋보인다. 비누의 크기보다 조금 넉넉한 투명폴리백을 구입해 비누를 담은 뒤 예쁜 리본이나 노끈으로 묶는다. 실링기가 있다면 깔끔하게 실링을 해도 좋다. 문구점이나 생활용품점에서 다양한 형태의 폴리백을 판매한다.

• 한지에 싸서 포장한다

내추럴한 분위기를 살리고 싶다면 한지를 이용한다. 한지 포장은 핸드메이드 느낌이 나 더 정성스럽게 보인다. 어른에게 선물할 때 특히 한지 포장이 잘 어울린다. 은은한 빛깔의 한지를 준비해 포장한 다음 노끈으로 묶는다. 한지는 공기가 잘 통하기 때문에 CP 비누의 건조를 지속할 수 있다는 장점이 있다.

• 반투명 종이봉투를 사용한다

비닐 코팅된 반투명 종이봉투에 담아 실링을 한다. 가장 일반적인 비누 포장법으로, 시중에서 판매하는 비누들은 이렇게 포장되어 나오는 것이 많다. 다만 선물을 하려면 실링 후 스티커 등으로 포인트를 주도록 한다.

• 스티커를 만들어 붙인다

봉투를 접은 뒤 스티커를 붙인다. 원하는 글씨나 그림을 스티커 용지에 프린트한 뒤 테이프 대신 이용하면 깔끔하게 포장할 수 있다. 꾸미기에 자신 없다면 문구점이나 생활용품점에서 파는 스티커를 이용해도 된다. 요즘에는 다양하고 예쁜 스티커와 마스킹테이프가 많이 나와 있다. 스티커 하나만 붙여도 분위기가 확 달라진다.

• 바구니나 상자에 담는다

작은 박스에 담거나 바구니를 만들어도 좋다. 비누와 입욕제를 랩에 싸거나, 폴리백 또는 반투명봉투에 넣은 다음 박스나 바구니에 담는다. 이때 색색의 습자지를 구겨 넣거나 종이를 잘게 썰어 상자나 바구니를 채운 다음 비누를 담으면 더 풍성해 보인다.

• 리본이나 태그로 장식한다

펀치나 칼을 이용해 봉투의 한쪽에 구멍을 뚫은 다음, 리본이나 끈을 사용해 작은 태그를 달아주면 더욱 멋스럽고 예쁘다. 두꺼운 종이를 원하는 모양대로 오린 뒤 패턴을 그려 넣거나 글자를 써넣으면 된다. 문구점에서 판매하는 태그나 아주 작은 카드를 태그처럼 달아매도 좋다.

Ririrhim
scent studio
HANDMADE
FOR YOUR SCENTED LIFE
Ririrhim
For Your Scented life
HANDMADE
ririrhim
hand made

베이스 오일별 가성소다 값

오일	가성소다 값	오일	가성소다 값
코코넛 오일	0.190	월계수 오일	0.155
팜 오일	0.141	월너트 오일	0.135
올리브 오일	0.134	피마자 오일	0.128
녹차씨 오일	0.137	에뮤 오일	0.136
아보카도 오일	0.133	오트밀 오일	0.129
달맞이꽃 종자 오일	0.136	메드폼시드 오일	0.121
동백 오일	0.136	검은깨 오일	0.133
살구씨 오일	0.135	타마누 오일	0.148
소이빈 오일(콩기름)	0.136	마유 오일	0.140
로즈힙 오일	0.137	라놀린 오일	0.074
스위트 아몬드 오일	0.136	옥수수배아 오일	0.136
마카다미아너트 오일	0.139	카렌듈라 오일	0.135
님 오일	0.139	팜커넬 오일	0.156
미강 오일	0.128	보리지 오일	0.136
아르간 오일	0.136	라드 오일	0.138
아마씨 오일	0.135	시벅턴 오일	0.136
위트점 오일	0.131	바오밥 오일	0.143
카놀라 오일	0.124	쿠쿠이너트 오일	0.135
포도씨 오일	0.126	브로콜리시드 오일	0.123
해바라기씨 오일	0.134	바바수 오일	0.175
호호바 오일	0.069	비즈왁스	0.069
홍화씨 오일	0.136	시어버터	0.128
헤이즐너트 오일	0.135	코코아버터	0.137
대마씨 오일	0.134	망고버터	0.137
호박씨 오일	0.133	우지	0.141
당근씨 오일	0.134	스테아르산	0.148

INDEX

종류별

· CP 비누

고래 비누 86
녹차 비누 68
동백 카스틸 비누 40
레드벨벳 컵케이크 비누 144
로즈사색 비누 132
로터스 비누 114
민들레 비누 72
민트사색 비누 126
블랙체크 숯 비누 82
산양유 비누 52
새벽달 비누 120
설거지 비누 94
세탁 비누 100
오렌지 비누 58
오운진액 샴푸바 90
카렌듈라 마르세유 비누 44
칼라민 큐브 비누 48
코코넛 테라조 비누 78
크리스마스 비누 150
튤립 비누 110
편백 비누 64
할로윈 홀케이크 비누 138

· MP 비누

드라이 허브 비누 160
레드마블 비누 180
멘톨 비누 168
원석 비누 172
카렌듈라 호박 투톤 비누 164
푸딩 비누 184
해안가의 달 190
허브 루파 비누 176

· 입욕제

드라이 플라워 배스밤 202
롤케이크 버블바 234
멘톨 족욕제 214
몰드 배스밤 210
바다와 고래 버블바 236
배스 솔트 218
블루 배스밤 206
쿠키 버블바 222
키위 버블바 226

효능별

· 건성

녹차 비누 68
동백 카스틸 비누 40
산양유 비누 52
오렌지 비누 58
카렌듈라 마르세유 비누 44
칼라민 큐브 비누 48
편백 비누 64

· 지성

고래 비누 86
녹차 비누 68
로즈사색 비누 132
로터스 비누 114
민들레 비누 72
민트사색 비누 126
블랙체크 숯 비누 82
새벽달 비누 120
코코넛 테라조 비누 78
튤립 비누 110

· 복합성

고래 비누 86
녹차 비누 68
레드벨벳 컵케이크 비누 144
로즈사색 비누 132
로터스 비누 114
민들레 비누 72
민트사색 비누 126
블랙체크 숯 비누 82
새벽달 비누 120
오운진액 샴푸바 90
코코넛 테라조 비누 78
크리스마스 비누 150
튤립 비누 110
할로윈 홀케이크 비누 138

· 민감성

고래 비누 86
로즈사색 비누 132
민들레 비누 72
산양유 비누 52
오렌지 비누 58
오운진액 샴푸바 90
카렌듈라 마르세유 비누 44
칼라민 큐브 비누 48
크리스마스 비누 150
편백 비누 64

· 여드름

녹차 비누 68
로터스 비누 114
민들레 비누 72
블랙체크 숯 비누 82
카렌듈라 마르세유 비누 44
칼라민 큐브 비누 48
코코넛 테라조 비누 78
크리스마스 비누 150

· 노화

동백 카스틸 비누 40
로즈사색 비누 132
로터스 비누 114
민트사색 비누 126
산양유 비누 52
새벽달 비누 120
오렌지 비누 58
편백 비누 64

· 아토피

고래 비누 86
동백 카스틸 비누 40
오렌지 비누 58
카렌듈라 마르세유 비누 44
칼라민 큐브 비누 48
편백 비누 64

· 아기용

동백 카스틸 비누 40
오렌지 비누 58
카렌듈라 마르세유 비누 44
칼라민 큐브 비누 48

• 리스컴이 펴낸 책들 •

• 요리

소문난 레스토랑의 맛있는 비건 레시피 53
오늘, 나는 비건

소문난 비건 레스토랑 11곳을 소개하고, 그곳의 인기 레시피 54가지를 알려준다. 파스타, 스테이크, 후무스, 버거 등 맛있고 트렌디한 비건 메뉴를 다양하게 담았다. 레스토랑에서 맛보는 비건 요리를 셰프의 레시피 그대로 집에서 만들어 먹을 수 있다.

김홍미 지음 | 204쪽 | 188×245mm | 15,000원

후다닥 쌤의
후다닥 간편 요리

구독자 수 37만 명의 유튜브 '후다닥요리'의 인기 집밥 103가지를 소개한다. 국·찌개, 반찬, 김치, 한 그릇 밥·국수, 별식과 간식까지 메뉴가 다양하다. 저자가 애용하는 양념, 조리도구, 조리 비법을 알려주고, 모든 메뉴에 QR 코드를 수록해 동영상도 볼 수 있다.

김연정 지음 | 248쪽 | 188×245mm | 16,000원

빵으로 쉽게, 비건 라이프
더 맛있는 비건 베이킹

우유, 버터, 달걀, 설탕을 빼고 채소, 과일, 견과 등을 듬뿍 넣은, 맛있는 비건 베이킹을 소개한다.파운드케이크, 머핀, 스콘, 쿠키, 케이크 등 누구나 좋아하는 메뉴로 식사나 간식, 선물로 좋다. 레시피가 쉽고, 종류별로 기본 과정을 상세히 설명해 다양하게 응용할 수 있다.

후지이 메구미 지음 | 144쪽 | 188×245mm | 14,000원

맛있는 밥을 간편하게 즐기고 싶다면
뚝딱 한 그릇, 밥

덮밥, 볶음밥, 비빔밥, 솥밥 등 별다른 반찬 없이도 맛있게 먹을 수 있는 한 그릇 밥 76가지를 소개한다. 한식부터 외국 음식까지 메뉴가 풍성해 혼밥으로 별식으로, 도시락으로 다양하게 즐길 수 있다. 레시피가 쉽고, 밥 짓기 등 기본 조리법과 알찬 정보도 가득하다.

장연정 지음| 216쪽 | 188×245mm | 14,000원

정말 쉽고 맛있는 베이킹 레시피 54
나의 첫 베이킹 수업

기본 빵부터 쿠키, 케이크까지 초보자를 위한 베이킹 레시피 54가지. 바삭한 쿠키와 담백한 스콘, 다양한 머핀과 파운드케이크, 폼 나는 케이크와 타르트, 누구나 좋아하는 인기 빵까지 모두 담겨있다. 베이킹을 처음 시작하는 사람에게 안성맞춤이다.

고상진 지음 | 216쪽 | 188×245mm | 14,000원

입맛 없을 때, 간단하고 맛있는 한 끼
뚝딱 한 그릇, 국수

비빔국수, 국물국수, 볶음국수 등 입맛 살리는 국수 63가지를 담았다. 김치비빔국수, 칼국수 등 누구나 좋아하는 우리 국수부터 파스타, 미고렝 등 색다른 외국 국수까지 메뉴가 다양하다. 국수 삶기, 국물 내기 등 기본 조리법과 함께 먹으면 맛있는 밑반찬도 알려준다.

장연정 지음 | 200쪽 | 188×245mm | 14,000원

내 몸이 가벼워지는 시간
샐러드에 반하다

한 끼 샐러드, 도시락 샐러드, 저칼로리 샐러드, 곁들이 샐러드 등 쉽고 맛있는 샐러드 레시피 64가지를 소개한다. 각 샐러드의 전체 칼로리와 드레싱 칼로리를 함께 알려줘 다이어트에도 도움이 된다. 다양한 맛의 45가지 드레싱 등 알찬 정보도 담았다.

장연정 지음 | 184쪽 | 210×256mm | 14,000원

레스토랑에서 인기 많은 이탈리아 가정식
파스타와 샐러드

외식 메뉴로 인기인 파스타와 샐러드, 피자, 리소토 등 다양한 이탈리아 요리를 담았다. 우리 입맛에 잘 맞는 응용 레시피와 정통 이탈리아 레시피를 함께 소개한다. 조리법이 쉬울 뿐 아니라 파스타, 치즈, 허브 등의 재료와 맛내기 방법, 응용 팁까지 친절하게 알려준다.

최승주 지음 | 168쪽 | 188×245mm | 14,000원

혼술집술을 위한 취향저격 칵테일 81
오늘 집에서 칵테일 한 잔 어때?

인기 유튜버 리니비니가 요즘 바에서 가장 인기 있고, 유튜브에서 많은 호응을 얻은 칵테일 81가지를 소개한다. 모든 레시피에 맛과 도수를 표시하고 베이스 술과 도구, 사용법까지 꼼꼼하게 담아 칵테일 초보자도 실패 없이 맛있는 칵테일을 만들 수 있다.

리니비니 지음 | 200쪽 | 130×200mm | 14,000원

점심 한 끼만 잘 지켜도 살이 빠진다
하루 한 끼 다이어트 도시락

맛있게 먹으면서 건강하게 살을 빼는 다이어트 도시락. 영양은 가득하고 칼로리는 200~300kcal대로 맞춘 저칼로리 도시락으로, 샐러드, 샌드위치, 별식, 기본 도시락 등 다양한 메뉴를 담았다. 다이어트 도시락을 쉽고 맛있게 싸는 알찬 정보도 가득하다.

최승주 지음 | 176쪽 | 188×245mm | 15,000원

• 건강 | 다이어트

아침 5분, 저녁 10분
스트레칭이면 충분하다

몸은 튼튼하게 몸매는 탄력 있게 가꿀 수 있는 스트레칭 동작을 담은 책. 아침 5분, 저녁 10분이라도 꾸준히 스트레칭하면 하루하루가 몰라보게 달라질 것이다. 아침 저녁 동작은 5분을 기본으로 구성하 좀 더 체계적인 스트레칭 동작을 위해 10분, 20분 과정도 소개했다.

박서희 지음 | 96쪽 | 215×290mm | 8,000원

라인 살리고, 근력과 유연성 기르는 최고의 전신 운동
필라테스 홈트

필라테스는 자세 교정과 다이어트 효과가 매우 큰 신체 단련 운동이다. 이 책은 전문 스튜디오에 나가지 않고도 집에서 얼마든지 필라테스를 쉽게 배울 수 있는 방법을 알려준다. 난이도에 따라 15분, 30분, 50분 프로그램으로 구성해 누구나 부담 없이 시작할 수 있다.

박서희 지음 | 128쪽 | 215×290mm | 10,000원

통증 다스리고 체형 바로잡는
간단 속근육 운동

통증의 원인은 속근육에 있다. 한의사이자 헬스 트레이너가 통증을 근본부터 해결하는 속근육 운동법을 알려준다. 마사지로 풀고, 스트레칭으로 늘이고, 운동으로 힘을 키우는 3단계 운동법으로, 통증 완화는 물론 나이 들어서도 아프지 않고 지낼 수 있는 건강관리법이다.

이용현 지음 | 156쪽 | 182×235mm | 12,000원

하루 20분, 평생 살찌지 않는 완벽 홈트
오늘부터 1일

평생 살찌지 않는 체질을 만들어주는 여성용 셀프PT 가이드북. 스타트레이너 김지훈이 군살은 쏙 빼고 보디라인은 탄력 있게 가꿔주는 하루 20분 운동을 소개한다. 하루 20분 운동으로 굶지 않고 누구나 부러워하는 늘씬한 몸매를 만들어보자.

김지훈 지음 | 280쪽 | 188×245mm | 16,000원

I LOVE YOGA 양장
나는 요가가 좋아요!

나무, 산, 낙타, 나비, 강아지 등 자연과 실생활에서 접할 수 있는 14가지 요가 동작을 예쁜 그림과 함께 소개한 책. 간단한 동작과 설명글, 영어로 된 원문까지 함께 나와 있어 그림책 보듯이 재미있게 보면서 요가를 익힐 수 있다. 국내 최고 요가전문가 박서희가 번역 및 감수했다.

에즈기 버크 지음 | 루키에 우루샨 그림 | 72쪽
210×220mm | 13,000원

• 자기계발 | 에세이

마음의 긴장을 풀어주는 30가지 방법
마음 스트레칭

불안이나 스트레스가 계속되면 긴장되고 마음이 굳어진다. 심리상담사가 30가지 상황별로 맞춤 처방을 내려준다. 뭉친 마음을 풀어 느긋하고 편안한 상태로 정돈하는 마음 스트레칭이다. 마음 스트레칭을 통해 긍정적이고 유연하며 자신감 있는 나를 만날 수 있다.

시모야마 하루히코 지음 | 184쪽 | 146×213mm | 13,000원

마음이 부서지기 전에 …
소심한 당신을 위한 멘탈 처방 70

인간관계에 어려움을 겪는 사람들을 위한 처방전. 정신과 전문의가 70가지 상황별로 대처하는 방법을 알려준다. 의사표현이 힘든 사람, 대인관계가 어려운 사람들에게 추천한다. '멘탈 닥터'의 처방을 따른다면 당신의 직장생활이 편해질 것이다.

멘탈 닥터 시도 지음 | 312쪽 | 146×205mm | 16,000원

스무 살의 부자 수업
나의 직업은 부자입니다

어떻게 하면 돈을 모으고, 잘 쓸 수 있는지 방법을 알려주는 돈 벌기 지침서. 스무 살 여대생의 도전기를 읽다 보면 32가지 부자가 되는 가르침을 익힐 수 있다. 이제 막 돈에 눈을 뜬 이십 대, 사회초년생을 비롯한 부자가 되기를 꿈꾸는 당신에게 추천한다.

토미츠카 아스카 지음 | 256쪽 | 152×223mm | 15,000원

100인의 인생 명언
성공으로 이끄는 한마디

성공을 키워드로 하는, 유명인사 100인의 명언을 담은 책. 성공을 꿈꾸는 사람, 이제 막 시작하는 사람, 슬럼프에 빠진 사람 등에게 희망과 용기를 주는 말들을 엄선해 모았다. 성공을 위해 노력하고, 결국 달성한 사람들의 사고방식을 명언을 통해 배울 수 있다.

김우태 지음 | 224쪽 | 118×188mm | 14,000원

40년 출판 편집자의 행복 에세이
이제부터 쉽게 살아야지

40년 동안 일밖에 모르고 살았던 출판 편집자가 책장 밖에서 만난 행복에 관한 이야기. 정년퇴직 후 새롭게 발견한 삶과 아름다운 추억, 가족과 동료, 친구 이야기 등 일상 속에서 행복해지는 법을 따뜻한 글로 전한다. 한 줄 한 줄 읽으면서 함께 행복해지는 책이다.

엄희자 지음 | 264쪽 | 130×200mm | 14,000원

착한 성분, 예쁜 디자인

나만의 핸드메이드 천연비누

지은이 | 오혜리
사진 | 김리나

편집 | 김연주 안혜진
디자인 | 이미정 최수희
마케팅 | 김종선 이진목
경영관리 | 서민주

인쇄 | 금강인쇄

초판 1쇄 | 2022년 1월 5일
초판 2쇄 | 2022년 3월 2일

펴낸이 | 이진희
펴낸곳 | (주)리스컴

주소 | 서울시 강남구 밤고개로 1길 10, 수서현대벤처빌 1427호
전화번호 | 대표번호 02-540-5192
영업부 02-540-5193
편집부 02-544-5922 / 544-5933
FAX | 02-540-5194
등록번호 | 제2-3348

이 책은 〈나만의 디자인 비누 레시피〉의 개정판입니다

ISBN 979-11-5616-253-7 13590
책값은 뒤표지에 있습니다.

블로그
blog.naver.com/leescomm

인스타그램
instagram.com/leescom

유튜브
www.youtube.com/c/leescom